━■━ "十三五" 国家重点图书出版规划项目 ━■━

石榴修剪新技术

中国农业科学院组织编写

柏永耀　著

U0272236

中国农业科学技术出版社

图书在版编目（CIP）数据

石榴修剪新技术 / 柏永耀著 . -- 北京：中国农业科学技术出版社，2018.1

ISBN 978-7-5116-3332-3

Ⅰ.①石… Ⅱ.①柏… Ⅲ.①石榴－修剪 Ⅳ.① S665.405

中国版本图书馆 CIP 数据核字 (2017) 第 264251 号

责任编辑	张孝安　　崔改泵
责任校对	贾海霞

出 版 者	中国农业科学技术出版社 北京市中关村南大街 12 号　邮编：100081
电　　话	（010）82109708（编辑室）（010）82109702（发行部） （010）82109709（读者服务部）
传　　真	（010）82106650
网　　址	http://www.castp.cn
经 销 者	各地新华书店
印 刷 者	北京富泰印刷有限责任公司
开　　本	880mm×1 230mm　1 /32
印　　张	4.25
字　　数	110 千字
版　　次	2018 年 1 月第 1 版　2020 年 11 月第 2 次印刷
定　　价	26.00 元

编委会

《画说『三农』书系》

主　任	陈萌山		
副主任	李金祥	王汉中	贾广东
委　员	郭　玮	张合成	王守聪	贾敬敦
	杨雄年	范　军	汪飞杰	梅旭荣
	冯东昕	袁龙江	王加启	戴小枫
	王东阳	王道龙	程式华	殷　宏
	陈巧敏	骆建忠	张应禄	

让农业成为有奔头的产业，让农村成为幸福生活的美好家园，让农民过上幸福美满的日子，是习近平总书记的"三农梦"，也是中国农民的梦。

农民是农业生产的主体，是农村建设的主人，是"三农"问题的根本。给农业插上科技的翅膀，用现代科学技术知识武装农民头脑，培育亿万新型职业农民，是深化农村改革、加快城乡一体化发展、全面建成小康社会的重要途径。

中国农业科学院是中央级综合性农业科研机构，致力于解决我国农业战略性、全局性、关键性、基础性科技问题。在新的历史时期，根据党中央部署，坚持"顶天立地"的指导思想，组织实施"科技创新工程"，加强农业科技创新和共性关键技术攻关，加快科技成果的转化应用和集成推广，在农业部的领导下，牵头组建国家农业科技创新联盟，联合各级农业科研院所、高校、企业和农业生产组织，建立起更大范围协同创新的科研机制，共同推动农业科技进步和现代农业发展。

组织编写《画说"三农"书系》，是中国农业科学院在新时期加快普及现代农业科技知识，帮助农民职业化发展的重要举措。我们在全国范围遴选优秀专家，组织编写农民朋友喜欢看、用得上的系列图书，图文并茂展示最新的实用农业科技知识，希望能为农民朋友充实自我、发展农业、建设农村牵线搭桥、做出贡献。

中国农业科学院党组书记　陈萌山

2016 年 1 月 1 日

前言

石榴是百果园的一朵奇葩，它因果形美丽，营养丰富，为人们喜爱。石榴自汉代引入内地栽培，已有两千多年的历史，在漫长的栽培岁月中，人民用辛勤的劳动积累了丰富的经验，推动着石榴从栽植到生产，从生产向产业的发展，如今中国石榴已拥有世界近 1/4 的资源，其产量为世界石榴产量的一半以上，占有相当重要的地位。我国市场经济制度有力地推动了农业产业化的发展，全球贸易一体化浪潮不断推动石榴产业进步升级，同时对生产环节提出了更高的要求，在人民生活水平不断提高的今天，安全洁净、富有营养的健康食品为人类共同向往。适应这一要求，就必须在产业内部的技术环节进行科学的探索，寻求革新和突破。

当前困扰石榴产业发展的三大问题是病虫为害，农药、化肥污染以及品质与效益提升缓慢。调查分析中发现，诸多问题的根源无不与整形修剪有关，树体结构不合理造成的郁闭；结果枝组与结果枝使用至衰而不更新；结果枝带病结果等问题都是诱发病害流行的潜在因素。为了控制病虫害而大量使用农药，既增加了生产成本，又污染了果品和环境，最终导致石榴品质的降低。当前，严重的问题是这一现象并未引起众多石榴栽培者的关注。

适逢中国农业科学技术出版社《画说"三农"书系》图书出版之际，应约整理近四十年来从事石榴技术研究与推广的资料，分析产生诸多矛盾背后的原因，归纳总结其中的经验与教训，从而编成此书。由于时间仓促，更因自身学识浅薄，水平有限，其中疏漏和错谬在所难免，诚望各位读者不吝指正，以便日后修改并完善。

柏永耀

于临潼

2017 年 1 月 31 日

Contents

目　录

第一章

石榴树的生物学特性

果树的生物学特性，既是栽培的根本依据，也是修剪的重要依据。因此，要对石榴树实施正确的修剪，就必须从学习和了解石榴树的生物学特性开始。

第一节　石榴树的基本特点

一、自然属性

石榴是落叶灌木或小乔木，寿命很长，可达数百年。石榴树生长强健，根际易生根蘖。树高可达5~7m，一般3~4m。在自然生长情况下，树冠呈丛状自然圆头形（图1-1）。

图1-1　老龄石榴树体形态

石榴树干呈灰褐色，主干和大枝上有瘤状突起（图1-2），树干木质纹理多向左方扭转。自然生长状态下树体各个部位的枝条都在相互竞争中存在和生长，树冠内枝条生长无序，冗枝繁生，彼此强烈竞争，强弱分化，强者日盛，弱者渐衰，自生自灭，难免

图1-2　老龄树干上的瘤状突起

有过于密挤和稀疏的情况，新老并存，风光不透，终年密生，易招致病虫繁生（图1-3）；结果状况较差；易成大小年，条件适宜之年大量结果，过多消耗树体，造成成花很少，翌年结果很少的大小年结果现

图1-3 放任生长状态下的石榴树

图1-4 自然状态下的石榴结果情况

象,果实品质下降,由于结果多少不一,树体强弱差异,所结果实优劣差异明显,商品果率很低(图1-4)。

二、人为干预的必要性

由于放任状态下的上述缺点,所以,要想获得良好的果实和较高的经济效益,就必须进行合理的修剪,使得树体生长强弱得当,主从有序,全树生育正常,连续稳定的生产优质果品(图1-5)。

在人工培育下,能够充分地利用它的小乔木性,使得风光通透,层次有序,结果良好。人工干预树形的主要手段就是整形修剪。

图1-5 栽培状态下的石榴树

第二节　石榴树的生长结果习性

　　学习不但要有强烈的愿望，还要有正确的方法，在正确理论指导下才能达到学习的目的。正确的学习方法是要把正确的理论与生产实践相结合。

一、学习修剪看反应

　　对于园艺工作者来讲，无论是初学者还是多年从事修剪工作的老同志，辨别修剪的正确与否，唯一的方法就是"读树"，认真地阅读树体对修剪反应这篇文章。树体对于修剪的反应，就是对此前修剪方法一个最为正确的答案，得到这个答案，我们就可以依据他去制定、调整下一步的修剪方案，以此获得满意的效果。要读懂树体对修剪反映这本"书"，就必须学会观察、研究、分析、了解石榴树的生物学特性，即生长和结果习性。

二、枝类构成及其生长特点

　　构成石榴树冠的除了主干和骨干枝外，主要由以下枝类构成。

（一）新梢

　　石榴树正在生长（或已停止生长）带有叶片的一年生枝称为新梢（图1-6）。强旺的新梢一年内可多次生长，在春季生长形成的叫作春梢，在夏季生长

图1-6　石榴树的新梢

的部分叫作夏梢，在秋季生长的部分叫作秋梢。具有以上三个生长段的新梢，一般都生长在幼旺树、强旺树骨干枝的延长枝、被回缩的大枝剪（锯）口处。偏强的新梢年内可有两次生长，即春梢和夏梢；中庸的新梢年内只有一次生长，即春梢；偏弱的新梢春季只有较少的生长。

春梢是最为充实的枝段，中庸强健的春梢多用于骨干枝延长枝的培养。强旺的新梢只能用于辅养枝或临时枝上早期扩大树冠利用。另一种连续生长的新梢叫作徒长枝，他一般位于树冠内膛的大枝背上或树干根茎处，生长期内可做连续不间断的生长。

（二）一年生枝

在新梢落叶后至萌芽前称为1年生枝。前者为之生长时期，后者则为休眠时期。所谓一年生枝的生长特点，实质上是站在冬季修剪的角度，对新梢生长特点的观察与回顾，而一年生枝是不再生长的，它再生长即是两年生枝的开始。石榴的一年生枝，按生长时的强弱，可分为强枝和弱枝两大类型。

1. 强枝类

这类枝萌发后生长势强，枝的生长量大，节间长，单叶面积大，1年可多次生长是其共同特点。强旺生长的新梢，秋季落叶后按其充实程度，可分为发育枝和徒长枝两种。

（1）发育枝。多生于树冠外围，是扩大树冠的主要枝类（图1-7），它包括了各级骨干枝的延长枝和大型结果枝组的领头技。因其着生位置及树龄的差异，在生长特点上有1次、2次和

图1-7 石榴幼树上的发育枝

3次生长的。凡在初果树冠中部、盛果期树及老树外围的延长枝，自萌发后旺盛生长至花期停止生长，年内不再加长生长，由于停止生长早，组织充实，可形成优质花芽，是来年良好的结果母枝；在幼树上有希望来年开花，但不一定结果。凡在幼树和初结果树枝组先端领头枝及盛果期树的延长枝，自萌发后作一段旺盛生长，于花期停止生长，采果前后又出现一次秋梢生长，这类枝的春梢段能形成较好的花芽，结优质果，而秋梢段的成花、结果则不可靠。凡是幼树、初结果树的延长枝、树冠外围的背上强旺枝（图1-8），年内往往有两次以上的生长，可形成春梢、夏梢和秋梢3个枝段。由于形成时间的不同，各枝段的质量也有差异，春梢枝段充实，夏梢枝段次之，秋梢枝段不充实，冬剪时若用作延长枝，至少应剪去秋梢枝段。

图1-8　石榴大枝背上的强旺枝

（2）徒长枝。多生于树冠内膛，依附于大枝背上或剪（锯）伤口、潜伏芽萌发或根际萌蘖（图1-9）等处。

由于营养充足、光照不良，

图1-9　石榴根蘖形成的徒长枝

而自萌发后至秋末，可连续或间歇的直立强旺生长，枝条节间长，尖削度小、茎刺稀少而细长，叶大而薄，在有的节上常有3~4片叶轮生的现象，表现出典型的徒长性。这类枝生长极快，消耗营养多，影响冠内光照，生产上若不用于更新树冠，宜尽早疏除。若用根际萌蘖做分株繁殖时，宜于根基培以肥土，增加生根，弯曲上部，以使其充实易栽。

2. 弱枝类

这类枝自萌发后年内只做1次生长，至花前或花期停止生长，它是构成树冠叶幕的主体，是形成产量的骨干枝群，它主要包括了长枝、中枝、短枝和叶丛枝（图1-10）。各种枝的相对数量因品种不同而有差异，这种差异可用来区别品种，又是修剪的依据之一。

图1-10　叶丛枝

这类枝节间短，叶片多，形成得早，能制造并积累大量营养（图1-11），其中有些枝上有肥大的顶芽，容易形成花芽，是翌年良好的结果母枝。石榴在幼树上以短果枝和中、长果枝结果为主；在盛果期树上则以叶丛枝、短果枝结果为主。

图1-11　石榴树上的弱枝群

弱枝类枝条是石榴树

冠内枝的主体，扩大树冠则主要靠强枝类。所以，进人盛果期后，只要疏除徒长枝，长放延长枝并令其结果，树冠即可得到控制，此特性是石榴密植栽培的生物学基础，也是修剪的重要依据。

（三）花枝与结果枝

石榴的结果枝是指果实以下至母枝分枝处的一段枝条（有人称之为果梗）。

它是由结果母枝上的混合萌发、开花、结果后形成的。凡开花后未能结果的枝条，称为花枝（图1-12），在管理上仍作为营养枝处理。结果枝因抽生的长度不同，可分为短果枝（3cm以下）、中果枝（3~7cm）、长果枝（7cm以上）。

图1-12 石榴的花枝

结果枝有随果实生长而增粗的习性，无论母枝有多细弱，一旦坐果之后，母枝常伴随结果，枝条迅速增粗（图1-13），其增粗部分仅限于结果枝分生处以下。结果枝的粗度与其上果实大小有关，凡结实大，结果枝及母枝则粗；而果实小的结果枝及母枝则细小，而与结果枝的长度关系不大。

图 1-13 石榴的结果枝

结果枝的输导组织发达，在中、长果枝上生有侧芽。采果后若不及时处理，翌年可萌发许多强枝。在果实罹病后，病菌产生的毒素常会使结果枝随之干枯（图 1-14）。结果枝上的侧芽不能形成花芽。短果枝在采果后，多数干枯或随采果被剪去。

图 1-14 果实感病后母枝随之感病死亡

（四）多年生枝

石榴树主干上的枝条，随年龄增长，延长枝形成了主枝和侧枝，营养枝分化成结果枝组和辅养枝等。

1.主枝、侧枝及延长枝

是树体的骨干枝，它在空间的分布形式构成了树形，支撑着营养枝和结果枝组在树冠空间内的分布。

2.结果枝组和辅养枝

是形成树体生物学产量，实现经济产量的主体，这类枝多呈水平、斜生、下垂多姿势生长。下垂枝生长弱，特别是处在内膛的消耗营养多，所成花芽中以退化花为主，结果能力差，所结果实偏小、质差，在生产上应酌情疏、留或改造复壮。水平或斜生枝由于生长势较强，坐果多，品质好，是生产上主要的结果枝群。

石榴树的强枝上有节，节处生有对生的刺状枝，刺基及其上均有对生的侧芽（图1-15）。这些刺因先端无芽为一针刺，易枯死染病，出现干刺现象（图1-16），刺为一段枯死的组织，一般干至第一对芽处而止；有个别沿刺继续下枯，病菌感染母枝，造成以干刺为中心的病疤或枯枝，若不及时剪除可继续感染。在品种间，天红蛋、大红酸、鲁峪蛋等易感病，而三白甜、净皮甜、大红甜等品种则较抗病。在多年生枝的节处，皮层多皱褶易被病害寄生，形成病疤瘤突。

图1-15　石榴枝条上对生的刺状枝

图1-16　刺状枝感病在母枝上形成病疤

三、石榴芽的种类及结果习性

芽是多年生果树在系统发育过程中形成的一种临时性器官。所有的枝、叶、花及营养苗个体都是由芽发育而成的。不同类型和不同质的芽，可形成不同类型的器官和植株，因此，芽与各器官的形成有密切的关系。在生命周期和系统发育过程中，芽是一种传递器官，也是更新复壮的器官。所以，研究石榴的芽及其分化，对修剪是十分重要的。

（一）芽的形态、构造与种类特性

石榴的芽为鳞芽，褐色。顶芽外形为圆锥形，侧芽扁圆形。若按其着生位置分，有定芽和不定芽两类。

1. 定芽

定芽包括顶芽、侧芽和潜伏芽（休眠芽）。

（1）顶芽。着生于叶丛枝的顶端（图1-17），其下枝段生长极微，年内只生2～6片叶子，叶腋间无明显的侧芽。顶芽的数量较多，是成花结果的主要芽类。在营养良好时，首批分化为混合芽，次年春季萌芽后抽生花枝，开花后若坐果，则成果枝，花枝则加粗生长，落花则自枯或转为营养枝，无论能否坐果，都会失去顶芽。若转为营养枝，次年侧芽可代替顶芽延伸枝条或再成叶丛枝，恢复顶芽，再分化成花。若不成花，次年仍以叶丛枝缓慢生长或休眠。当受到刺激后，可抽生长枝，再失去顶芽。

图1-17 石榴的顶芽

图1-18　石榴新梢上的的侧芽

图1-19　石榴的早熟花芽

图1-20　石榴老干上不定芽萌发

（2）侧芽，也称腋芽（图1-18）。着生于没有顶芽的枝上，顶芽位置形成茎刺自枯。这些侧芽在营养良好时，则可形成混合花芽，否则，仍为叶芽，次年依其位置不同可萌生强枝、弱枝或休眠。

（3）早熟芽。多着生于强枝上，在旺盛生长的季节，可萌发形成二次、三次或四次枝，它对于幼树尽早形成树冠，增加分枝级数，扩大叶面积，提早开花结果都是十分重要的。在营养条件良好的情况下，早熟芽也能够分化出花芽，并于当年开放（图1-19）。

2.不定芽

不定芽没有原始的生长点，是在发育过程中，因枝、干、根的某些部位受到刺激后，由分生组织分生出的芽，因其无固定位置，故称为不定芽（图1-20）。石榴易生不定芽，在生产上可用以更新

树冠，扩大繁殖。

石榴的芽作为一种传递生长的器官，其内均保持着一个生长点，无论处于活跃、不活跃的状态，都具有继续生长的能力，能否旺盛生长，取决于他所处的位置及是否受到刺激，因刺激或位置的易换，芽也可以转化、萌动或休眠、失去或形成顶芽。所以，芽的形态只是一种存在形式，具有生长与开花结果能力才是其本质，能否开花，取决于存在位置与营养状况的优劣。因此通过调整刺部位与刺激强度，改变生长位置与姿态，可实现各类芽相对比例的改变，对达到栽培目的则十分重要。

（二）石榴开花结果习性

石榴花期长，花量大，质量差异很大，落花落果严重。在一般生产园，坐果率仅为总花的1%~5%，农谚讲："石榴，石榴，开花无数，结果可数"（图1-21），形容石榴开花很多，但结果却很少。要想实现高产稳产，就必须对石榴的开花、结果习性及落花原因作详细了解，以便采取相应的措施，实现栽培的愿望。

图1-21 石榴树的开花状态

1. 石榴花的形态结构

石榴花为完全花，由花萼、花瓣、雄蕊、雌蕊组成。石榴花粉粒大，靠昆虫传粉，为虫媒花。

石榴的花梗极短，花托与心皮贴生。花萼肉质肥厚，合萼，下部为萼筒，与子房连生，有瓶壶状、筒状、钟状3种类型（图1-22）。上部为萼裂片，多数5~7裂，花后宿存，有闭合、直立、

图1-22　石榴常见的三种类型花（A.正常花；B.中间花；C.退化花）

开张3种基本形态。萼片内上方着生花瓣，与萼片同数（食用种），离瓣，复瓦状排列，花瓣颜色因品种不同，分红、白、粉等几种。雄蕊着生于花瓣以下的萼筒内侧，组成密生的雄蕊群；花药基部着生于花丝上，成熟后纵裂，花粉多，黄色。雌蕊为复雌蕊，花柱、柱头合生，柱头头状，为湿柱头，花柱为空心花柱道。子房下位（上位花），子房由上、下两轮心皮构成，上轮3~12枚，下轮2~3枚，彼此间以隔膜相隔，上轮心皮为侧膜胎座，下轮心皮为中轴胎座（图1-23）；胎座发达，其上着生许多胚珠，胚珠倒生，胚珠受精后发育形成种子，外种皮是石

图1-23　石榴果实内的胎座

榴果实的食用部分（图1-24）。

2.石榴花的种类

石榴的花序为有限聚伞花序（图1-25）。按各朵花在花轴上着生的位置，可分为顶花和侧花。一般顶花多为正常花或中间花，

图1-24 石榴的籽粒

侧花多为退化花。石榴的果实主要来自于正常花，其次是中间花。

图1-25 石榴的有限聚伞花序

（1）正常花。由生长健壮的叶丛枝的顶芽、强壮枝的侧芽发育而来。由于形成得早或所依附的枝处于优势位置，营养充足，分化程度深，质量好。花为瓶壶状或葫芦状，雌蕊高于或等于雄蕊。易坐果，发育快，品质好。

（2）中间花。着生位置与正常花基本相同，只因营养状况与分化时间等原因，致使雌蕊和胚珠不同程度的退化，形成形形色色的中间类型。中间花能否坐果，取决于自身退化的程度与坐果时的营

养状况。中间花外形一般为瓶状或筒状,雌蕊有高于、等于和低于雄蕊3种类型,坐果不可靠。由于胚珠有退化现象,在着生籽粒的胎座上往往有退化、败育的痕迹,有的籽粒不能受精,在成熟的果实中,常有白籽现象。果个不整齐,品质较差。

（3）退化花。着生于细弱枝的顶端或正常花的侧位。由于分化较晚及所依母枝营养不良,而使胎座、胚珠退化,子房和花柱残存,雌蕊多低于雄蕊,不能坐果,消耗养分,应及时疏除。退化花所占比例因树势不同而有差异,树势强健,退化花比例低,在弱枝或衰老树上比例则高。因此,修剪上应注意采用复壮树势的措施,提高花的质量。

3.石榴的开花特点

石榴花的开放时间,因各产区的自然条件不同而有差异。在陕西省临潼产区,5月中旬始花;山东省峄城地区在5月上旬;四川省会理地区在3月中旬。

石榴花期较长,陕西省临潼产区45d。在生长健旺的初果期树上,强旺枝的侧芽往往在生长期萌发,持续开花,虽花量微少,但以正常花为主,坐果力强。据作者1992年在陕西省临潼产区调查,盛果期树始花于5月12日,终花于6月24日,整个花期从数量上看,5月12日至18日开花数量少,18日至27日开花数量大,形成第1次高峰,此期以正常花开放为主,占正常花总数的21.2%;待平稳一段后又升至最高峰,此期以退化花为主,占退化花的80.7%,以后迅速下降,至6月15日出现1次低谷,于17日又出现1次小高峰,此期以长枝开花为主。

石榴开花的连续性是花枝生长连续性的结果。一般首次高峰以叶丛枝开花为主;2次高峰以短枝、中枝顶花为主,叶丛枝和短枝上的侧花也在此期开放;第3次高峰开花的数量不大,对整个开花过程的影响也不大。应该注意的是"三花"多开于长枝上，正常花相对较多，坐果力很强，常出现"三连"果、"五连"果的簇果现象（图1-26）。这在第一、二批花未坐住果的"灾年"，它对当年的丰欠至关重要。

在一个花枝上，一般顶花先开，侧花后开，这与成花规律是一致的。就一朵花而言，

图1-26　石榴的簇果现象

自（4月下旬）显蕾到（5月中旬）开放，约需20d。2~4d谢花，出现落花现象。

4.石榴坐果与落花特点

石榴开花后，正常花有一个幼果转色期，即由红（黄）转绿，这是坐果的一个重要标志。石榴一经坐果，很少有落果现象，而落花现象却左右着石榴的丰欠，近些年来，引起了栽培者极大的关注。通过对落花现象的研究，探讨内在规律及与坐果的关系，有助于我们寻求减少或防止落花的有效途径。

（1）落花特点与成因。石榴落花是一个普遍的生理现象。是它本身的生物学特性所决定的，在开花过程的不同阶段，落花的种类与数量不同，表现出一定的规律性。从花的解剖上看，退化花的脱落是必然现象，而正常花的脱落，则是我们研究的对象，因为它具有完整的结构，具有坐果能力。据作者1992年对石榴落花情况的调查结果看，它的开花与落花关系十分密切，并具有3个特点：第一，正常花先于退化花约1周时间开放；第二，正常花的脱落紧随于退

化花开放之后；第三，正常花落花率因退化花开放的数量而上升。可见，正常花最先开放，是因它在花芽分化时最先分化的缘故，开放之后，由于当时花量小，对营养的要求还能满足，所以，很少有落花现象，若能在第 2 批花开放前完成转色，即可免于脱落。从开花到转色需 7~10d，如果能采取有效措施，减少 2 批、3 批花的数量，都有利于首批花的坐果，这是我们修剪工作要研究的内容。

（2）退化花大量开放，引起了正常花的脱落。其脱落量随退化花开花量而增加，核心是一个营养问题。在早春，根系活动、萌芽、展叶、抽枝、显蕾等生理活动，都依赖于上年秋季体内贮藏的营养，若充足时，这些生理活动则进行得快而质量高，叶幕形成得快，新叶能尽早发挥功能，及时补充消耗了的营养，否则，营养亏缺严重，便无法满足坐果的要求。

可见，贮藏营养不足，退化花大量开放，往往导致正常花脱落。此时，若能增加营养供给或减少消耗，都有利于提高坐果能力。

（3）提高坐果的措施。首先是适当增加刺激修剪措施，去除弱枝，增强树势，提高正常花的数量与质量；其次是提高越冬前树体贮藏营养水平，保证萌芽后尽快形成功能叶，为花前制造急需的营养；再者是创造良好的授粉受精条件，开花前子房已有相当的发育，但若不能经过受精刺激，子房发育就将停止、萎蔫脱落。

石榴的坐果，是综合因素形成的，但本质仍是营养问题，栽培上增加积累和修剪上合理调节分配是两个重要的方面。

四、根系分布与生长特点

1. 石榴树根系空间分布特征

相对于其他果树，石榴树属于浅根系。在正常的栽培情况下，石榴垂直吸收根量主要集中于 0~80cm 土层内，约占总量 91.32%，80cm 土层以下仅约为总量的 8.68% 左右。在水平方向上，主要分布在距树干 0~100cm 范围内，石榴吸收根量约占总量的 76.07%，而距树干 100~250cm 时其只占总量的 23.93%（图 1–27）。

在极度干旱的岩边，石榴的根系可深达 10m 以上。这种特性是石榴耐干旱的主要原因之一。

2. 生长环境对根系分布的影响

据观察发现，生长在干旱的立地条件下，石榴的根系分布较深（图 1–28），在表层土壤湿度较大的立地条件下，根系集中分布在比较浅的土壤中。

3. 生产活动对根系分布的影响

因受根系向水性、向肥性的影响，在深层土壤肥沃的情况下，根系分布较深，但在灌溉条件下，随着灌溉次数的增多或地面湿度的增大，根系在土壤中集中分布于浅层的情况明显。

4. 根蘖的产生与管理

由于石榴树的灌木性，在根颈处易生萌蘖（图 1–29），此处

图 1–27 正常情况下石榴树根系的
垂直分布

图 1–28 干旱条件下石榴树根系的
垂直分布

图1-29 根茎处萌蘖年内可长到
3m以上

临近根系，营养充足，生长极其强盛，特别是在进入盛果期以后的树根颈处萌生的根蘖，一年可生长3m多高，不但大量消耗树体养分，更使树冠内的通风条件恶化，给生产管理带来极大的不便。

对于根蘖的处理，多数果农采用砍除的办法，但是，在砍除时往往容易砍伤主干的根颈部分，在此处造成伤的效应，更刺激此处萌生新的萌蘖，因此，此处根蘖常连续萌发，累除不尽。

正确的除萌方法是，刨开根际处的土壤，找到萌生根蘖的分枝处，用疏枝的方法，用修枝剪或手锯一次性疏除，确保以后不再萌发（图1-30和图1-31）。

图1-30 处理前石榴树根际处的萌蘖

图1-31 石榴树根际处萌蘖处理后

第二章

修剪的必要性

在石榴树的生命周期中存在着新生与死亡，生长与结果，旺盛与衰弱等许多既对立又统一的矛盾。就石榴树修剪来讲，研究、学习和掌握这些矛盾存在与运行的内在规律，以及影响这些矛盾在运动中消长变化的因素，通过把握矛盾的变化来平衡树势，利用矛盾争取主动，把矛盾作为实现栽培愿望的工具。修剪理论来源于实践，它是以石榴树生长结果习性及树体对修剪反应为基础的，是对生产实践理性化的归纳与总结，是实践的结晶，反过来又指导于实践。

所谓整形修剪，就是在该树生物学特性的指导下，依照现代科技研究成果，人为地造就一个比自然状态更为完善，更适于生长和结果的骨干枝空间分布，并使依附于它的各类功能枝、叶在有限空间内，最大限度地发挥各自的功能，以此来实现优质和高产的生产作业。修剪按其目的不同，可分为整形修剪和维持修剪两个部分。

1. 整形修剪

是以造形为主要内容的整枝过程。这个过程开始于定植，终于园内相邻株间树延长枝枝头相接。它的主要任务是造就一个健壮、稳定、合理的树体骨架，为以后长期利用奠定坚实的基础。

2. 维持修剪

是在整形过程之中以及结束之后，对于已造就的树形（部分）进行维持、巩固和更新的修剪过程，维持修剪的主要任务是维持稳定丰产树形内各大小枝间生长与结果的分工、转换和平衡的作业。维持修剪贯穿于修剪的始终，根据树体生长、结果情况，不断地进行调整、改造、更新、平衡，使树体始终保持在强壮、稳定的生长结果状态。维持修剪伴随着果树生长的整个过程，是栽培工作中一项十分重要的工作内容。

整形修剪和维持修剪都是通过剪枝及其类似技术而实现的。在这项作业中，既要造就良好的树形，又要培养健壮、稳定的枝组，这就是整形修剪的任务和目的，在操作中切不可顾此失彼。

第一节　枝角原理

一、枝角的作用

整形的作用在于通过树体结构要素的合理组合，实现骨干枝本身的水平角和垂直角的合理配置。

水平角是指相邻枝间水平位置的相互关系，影响着各骨干枝间水平位置分布的合理性，它主要影响树冠内的光合作用水平。在要求上，一般等分为佳，如二枝者为180°，三枝者为120°等。

垂直角指某一枝与母枝在垂直关系上的角度，常以分枝角度来表达，它的大小影响着分枝的生长势力，角度越大，本身的生长势力减弱，反之则强。按其本身位置分为基角、腰角和梢角。垂直角的活理与否，取决于以下几个重要方面。

（一）基角的开张度

1. 基角过大时有几种不良反应

（1）会削弱该主枝的生长势力。

（2）诱发基部枝组生长转旺，并难以控制，且有替代上一级枝的可能。

（3）易转变成偏冠，使树体失去平衡。

2. 基角过小时有几种不良反应

（1）会使骨干枝生长转旺，营养生长旺盛，常与主干延长枝发生竞争。

（2）内膛光照不足，诱发枝组早衰死亡，加速结果部位外移。

（3）其上附属结果枝组难以配置。

（4）容易劈裂，在先端结果负重后，容易从分枝处劈裂，造成严重损失（图2-1）。

（二）腰角与梢角的大小

在基角合理时，突然加大腰角，会引起弓背弯曲处萌生徒长枝，并不易根除（图2-2）。在基角过小时，更会加速此类情形的

图2-1　基角太小引起的劈裂　　　图2-2　突然加大腰角引发的徒长

发生。在基角合理或过大时，突然减小腰角，会加强先端旺长，加速内部小枝枯死。整形过程中，枝、干之间，枝、枝之间的分枝角度是构成树形的最基本、最关键的要素，受其影响，会造成各单株或树体局部生长发育的失调，在表现形式上，表现为生长强盛不结果，或生长衰弱难坐果以及多种形式的中间类型。因此，准确、灵活掌握分枝原理，可用来调节树势，促控结果等。

二、枝角的作用原理

由分枝角大小而产生对树体生长强弱的调节效应，根本原理在于树的生长极性。所谓极性是指树体生长方向的两极性，包括了向光（上）性与背光（向地）性。枝表达了前者，根则表达了后者。角度的作用在于影响上、下营养物质运输的速度，如流水一样，直（角度小）者落差大，通畅、生长快；曲（角度大）者，落差小，平缓，生长就慢。

实践中要灵活掌握好角度，以此调节树势整体生长的平衡，调节各局部间生长与结果关系的平衡，这二者是对立的，又是统一的。

第二节　疏密原理

一、疏密的作用

疏密是指单位空间所分生的枝条的数量。枝是树冠重要的表达形式，枝多往往树冠大；而枝少，树冠则小。可以说因为枝多而实现了树冠大，而枝少则限制了树冠的扩大。在一定树冠空间内，枝的疏密是我们修剪中经常遇到的问题。

对于树体生长来讲，应尽量多的保留枝条，增加生长，快速达到目的，这种方法多用于幼树的修剪。"轻剪、长放、多留枝"这一幼树修剪的基本原则就是要用多枝促长的原理，尽快形成树冠。

对于结果来讲，应尽可能做到疏密适当，以使所有叶片都能最大限度的保证较高的光合效率为目的。修剪中一般确定疏密的原则是保证两个最大：一是平均单位空间体积内保留最大有效叶面积；二是单位叶面积具有最大的光合效能。

二、枝条疏密作用的基本原理

枝，是叶与芽的载体，在空间矛盾不大时，枝多叶片自然就多，光合作用的部位就多，制造的营养就多，因而生长势就强；在空间矛盾突出时，枝多拥挤，叶片上下遮挡，虽然叶面积大，但无效叶面积也大，总体营养积累少，又抑制了树体的生长。

三、疏密在修剪上的应用

在幼树时，园地空间大，枝条虽密，但叶幕较薄，枝与枝之间有互助作用，可以促进生长，实现早结果。

　　进入盛果期后，枝条数量增加，叶幕较厚，枝与枝间的互助作用消失，竞争作用突出。这时可以通过修剪措施，调节枝条的疏密度，使它与枝角调整相配合，增强或削弱局部生长势力，实现石榴树早期的营养分配，从以营养生长为中心向以结果中心的转变；或者老弱树向旺盛的过渡，以此来平衡生长与结果的矛盾。

　　枝条的疏密既是对立的，又是统一的一对矛盾。正确认识，灵活运用这对矛盾，是修剪工作上的重要依据之一。

第三节 树体平衡原理

在树体生命活动的整个过程中存在着生长与结果，树冠与根系，积累与消耗，结果与成花等方面的平衡问题。就平衡手段来讲，修剪措施就是获得平衡的主要手段，它通过刺激与缓和的方法，激发和平息矛盾，在调节诸多矛盾的消长变化中达到生产的目的。人们感到修剪较难的原因，就在于对树体生长状态的正确把握和对利用树体矛盾具体手法的灵活运用上，是否把握的准确。修剪的水平，反映了修剪者对技术学习的修养水平。所以，要准确地把握树体的特点，就需要深入的学习、长期细致的观察和分析。了解树体平衡，就是重要的环节。

一、树冠与根系的平衡

树体上下生长具有相关性，树上枝叶数量与地下根系数量呈正相关。即有多大的树冠，就有与之相适应的根系。

通过修剪，或多或少的会减少枝叶数量，改变原有生长状态，这种刺激的结果有两种反应：第一，剪去枝条后相对改变了树体原有的根／冠比，使树上现有每一个枝、叶将得到平均相对较多的无机养分供给，能促进枝条生长，而这种表现往往局限于树冠局部，即"局部刺激作用"；同时，对于整体而言，毕竟剪去了一些枝条，相应也减少了芽和叶，使每个根所得到来自于叶的营养与激素水平相对降低，抑制了根系生长，又从整体上抑制了树体生长，即"整体抑制作用"。在树体营养存在形式上，休眠期主要贮藏于根系之中，剪去枝条，对贮藏养分损失不大，所以，这种局部刺激作用以冬季修剪反应强烈；在生长期，由于树体养分主要集中在枝条、叶片、果实等地上部分器官之中，在修剪后，会损失很多养分，同时失去的叶片，又减少了光合作用面积，所以，生长期以整体抑制作用突出。因此，生长期重剪后往往会严重削弱树势；反之，冬季修剪则易诱发旺长，具体反应程度又因具体时间、方法与程度不同而差异悬殊。

由于树冠与根系的相关联系，通过修剪树冠调节根系，或通过根系调节树冠的方法频繁地应用于生产实践。

二、生长与结果的平衡

生长与结果矛盾的本质是营养问题，具体地讲，是一定管理水平下叶、果比的平衡问题，当结果少时，营养积累水平就高，树体内成花激素多，促进了成花，下年度花好，坐果多；在坐果多的年份，叶、果比变小，光合作用产物多流向果实，在果实中，种子消耗占 80% 左右，这样，果子多则种子多，对营养消耗就大，为了完成种子发育，迫使树体降低积累水平，自然，枝、芽生长得到营养相对减少。同时，由种子产生大量抑花激素，双重抑制了叶芽向花芽的转化，导致大年之后出现小年的情况。就修剪平衡作用来讲，大年冬季轻剪多留花能使小年不小，小年冬季重剪可减少花量，使大年不大。结合生长期的修剪，疏花疏果，促进坐果等方法的综合应用，实现生长与结果的平衡。

第三章

石榴树生命周期与年周期

　　石榴多用无性繁殖，从营养苗个体形成到衰亡的全过程，叫生命周期。在整个生命过程中，存在着生长与结果、衰老与更新、积累与消耗、整体与局部之间等矛盾。在这些矛盾中，生长与结果的对立统一，是贯穿于石榴树一生的基本矛盾。研究、解决这些矛盾，力求使相互矛盾的对立能够达到高度统一，是我们栽培者的任务。石榴树的生命周期，具有一定的阶段性，各阶段生命过程和新陈代谢规律各不相同。了解这些规律，有助于我们分析、研究、平衡各阶段的矛盾，在获得最大经济产量这一点上实现高度统一。

第一节　生命周期

石榴树的生命周期，可划分为生长期、生长结果期、盛果期和衰老更新期。

一、生长期

生长期是指营养苗个体形成到开始结果为止。

生长期的主要矛盾是生长，如何促进个体迅速、健壮生长，增加生长量是此期管理的主要内容。

就树体本身来讲，这一时期离心生长旺盛，根系和地上部分迅速扩大，形成树体骨架，根际易生大量萌蘗，枝条直立性强，树冠多呈圆锥形；新梢生长量大，节间长，生长期长，常有多次分枝，多次或连续生长；秋季停止生长晚，往往因组织不充实而影响越冬能力。

在管理上，加强营养，尽快形成大量叶面积，培养良好的树体结构，才能为丰产打下基础。同时，在树体具有一定叶面积，具有结果能力时，可通过对局部枝条的控制，促进营养积累，促进花芽形成，使之尽早开花结果，稳定树势。

（一）在修剪上，这一阶段主要以下几个方面的问题

1.过分强调树形，就整形而整形

这类情况，栽培者多以理想中或固有的树形模式为标准，为整形而疏去了大量营养枝，使整个树冠上仅有疏散的少数永久性枝

（图 3-1），而疏枝措施多在生长旺盛期，严重地减少了叶面积，削弱了树势。因此，延长了生长期。

图 3-1 过度整形的幼树

2. 放任生长，树体荒芜

树冠虽小，但内膛光照不足，无效叶面积增加。这类情况，栽培者多认为幼树还小，待长大后再管，由于未进行人为调节，骨干枝、营养枝、徒长枝混生一起，无主无从，相互竞争，使树体骨干枝发育不良或彼此失去平衡，待以后整形时，常出现小畸形现象（图 3-2），因此，既增加了管理难度，又人为地延迟了结果。

良好的管理，是按照建园设计这一原则，保证骨干枝应有的分枝角度和生长势力，为以后负载更多的产量奠定基础。在修剪上，要轻剪、长放、多留枝。冬

图 3-2 幼时放任的小畸形现象

季以疏、截为主；生长期以抹芽、拉枝、摘心为主，尽量减少夏季修剪量，对于该去除部位的枝，应尽量处理在萌芽之初，以免过多损伤叶片。

二、生长结果期

生长结果期也叫初果期。即从开始结果到大量结果这一段时

间。这是一个较短而十分重要的过渡时期。

生长结果期是树体结构建造尚未完成，营养中心开始从以营养生长为主，逐渐向生殖生长为主转变的一个过渡阶段。在这一阶段中，随着树体建造的完成，营养生长与生殖生长渐趋于平衡后进入盛果期。

生长结果期栽培上的任务与管理特点是：继续完成树体骨架建造，在保证树体健壮生长的基础上，加强营养枝培养与管理，使之尽早成花结果，以此实现前期产量的提高，为盛果期高产，做好准备。

（二）当前存在的问题与解决途径

1. 因急于达到高产，强度控制树势，导致树体早衰

生产中为了实现当年多结果，常在花期采用断根、主干环割、环剥等强硬的机械手段，削弱树势，促进成花，提高坐果率，增加产量。然而，这些措施却抑制了整体营养水平，破坏了整体生长的平衡，结果延迟了盛果期的到来，从总体上减少了产量。这种措施，是用牺牲长远效益来取得眼前的短期行为。

2. 疏果促树，延迟结果

有人认为，幼树还小，待树长大后再结果，结果使此期营养枝的转化过程因人为干扰而增强了树势，使营养枝不能正常向结果方面转化，诱发了整体旺长。这种情况在密植园往往会引起适龄树不结果或树冠已经郁闭而产量还很低的现象（图3-3）。

图3-3 过度促长造成的郁闭无果状态

正确的方法是该促则促，该控则控，促控结合，使生长、结果两不误。对各级延长枝，采用促进生长的措施，继续培养，以至完善，其上尽量不结或少结果，充分保持健旺的生长势力。对辅养枝，尽量促花保果，形成产量，用以拖住树势，勿使旺长，形成稳定而健壮的生长态势。具体措施是：在良好的土、肥、水综合管理基础上，通过修剪进行调节，以夏季修剪为主，冬季长放，生长期采用拉枝、拿枝软化、变向等措施，诱导成花，调节营养分配，辅以保花保果措施，实现早期产量水平的提高。必须强调的是，为保证从生长到结果的平稳过渡，务必重视解决好眼前效益与长远效益的矛盾，切勿本末倒置。

三、盛果期

盛果期是石榴树大量结果的时期。从树体建造来看，根与树冠均已达到最大限度，骨干枝离心生长已经结束，枝量充足，生产能力很强，产量达到高峰以后，常因冠内光照不良，枝间生长势力差异日见悬殊，渐见内膛小枝衰弱干枯，结果部位外移，冠内光秃现象加重，局部表现出交替结果现象。后期骨干枝先端衰弱，正常花比例下降，结果少而小。

在盛果期，结果是矛盾的主要方面，生长是结果的基础。只有保证良好的营养生长，才能实现高产、稳产，若管理不善，则易出现波动，形成大小年现象。造成大小年的原因虽然很多，营养失调则是主要方面，导致营养失调的根本原因是叶果比失调。叶与果的关系，可用"源"与"库"的关系来比喻。在大年，由于结果过多，叶片制造的营养大量输送到果实中，形成了经济产量，而分配到芽和根系中的营养则相对减少，因而根系生长减弱，吸收能力下降，对树体供给的水平相对降低。因此，枝、叶生长缓慢，叶面积也相应减少，光合产物减少，出现"源"的不足，而使果实这个

"库"的贮藏水平下降，表现出果小、色淡、味差，品质下降。由于整体营养出现危机，叶芽难以适时形成花芽，使翌年正常花率下降。采果后，树体负担减轻，但因营养亏缺严重，越冬能力下降，若遇低温，极易遭受冻害；在轻度冻害的年份，常出现结果过多的枝组受冻，萌芽迟缓或枯死（图3-4）。未受冻害的树，春季萌芽后，常形成大量退化花（图3-5），开放后与正常花竞争营养，引起严重落花，出现小年。在小年，由于结果较少，叶果比增高，"源"的产量增大，"库"的消耗则相对减少，使营养能较多地分配到营养器官，根的吸收能力增强，花芽便能按时形成，孕育了下年的大年，但也有些树在一个大年之后，树体受到严重伤害，需经多个小年才能恢复。大小年的波动，常会招致病、虫害加重，削弱树势，伤害树体，降低品质，减少收入。

图3-4　大年之后树体无花、结果枝死亡现象

图3-5　大年之后形成大量退化花

　　石榴的大小年虽不明显，但防止和克服大小年，

平衡生长与结果的矛盾，仍是这一时期的中心任务。

稳产是此期的关键，稳定的产量来自于稳定的树势，稳就是要平衡。要在营养物质的生产与分配上下功夫，当结果过多时，应及时疏果，使各部位生长发育都能得到足够的营养，这样，所结的果实形大、色艳、品质高，商品性好，经济效益高。

四、衰老更新期

此期是指从产量下降到骨干枝衰老、枯死而内膛萌生更新枝的时期。树冠缩小，产量递减，向心生长明显是此期树体的主要特征（图3-6）。这时，营养生长又转化为矛盾的主要方面。此期的管理任务是加强土、肥、水管理。适时进行更新复壮，有计划地培养更新枝，以资更替。在树冠正常发育状态下，生产上应尽量延长原有树冠的生产年限，若需更新时，则应加速新树冠的形成，缩短更新间隔期。

图3-6　衰老更新期的树体特征

第二节 年生长周期

石榴树 1 年中生长发育的规律性变化叫年生长周期。受遗传因素与环境条件的共同作用，在年周期中有顺序地出现萌芽、开花、结果、果实成熟、落叶、休眠等形态和生理机能上的变化，与 1 年中季节性气候变化相吻合，称为物候期，石榴树年生长周期可分为 5 个物候期。

一、萌芽期

萌芽是石榴树由休眠转入生长的一个标志。该期在形态上表现是由鳞片裂开到幼叶展开转绿为止。

萌芽期开始与持续时间的长短因温度积累水平而异。

石榴树的发芽势与上年营养的积累水平有关，凡营养充足、树体健壮、萌芽期天气晴朗少风，3d 内即可结束，否则，萌芽物候期约需 1 周或更长时间才能完成。在 1 个枝上的各类芽中，萌芽次序为顶芽、侧芽、潜伏芽、不定芽。

萌芽期的生理特点是贮藏在根系中的养分，随着树液流动，运输到地上的枝、芽中，为萌芽、展叶、抽枝、现蕾、开花提供营养。在树液开始流动后，若进行修剪，将会削弱树势。因此，除了对个别十分强旺的树体实行晚剪以外，一般不宜在此期进行剪枝。萌芽期的修剪主要以拉枝变向、抹芽等调整手段为主，用调整枝条生长姿态来平衡生长势力，实现树体局部生长状态的转换。

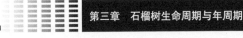

二、新梢生长与显蕾期

叶片在转色之后，接着就是新梢旺盛生长，至开花期基本结束。该期需 30~45 d。此期的长短与结果枝长度有关，一般结束生长的顺序为叶丛枝、短果枝、中果枝、长果枝、强旺的发育枝。徒长枝在花期可作不显著的停顿后又继续生长。

此期适逢阳春，温度适宜，利于枝条生长。就树体本身来讲，叶幕形成，花芽继续分化，开花期的部分营养合成与积累、均决定于这一时期。在修剪上的主要任务如下。

第一，保证枝叶生长，为现蕾、开花、坐果做好准备。

第二，及时除萌，减少消耗，保证营养中心。此期枝、干易生旺枝徒长，消耗营养，影响光照，极不利于以后开花坐果，应尽早处理。具体措施是，在初萌发时，应及时除萌，这是至关重要的一步；当树体上旺盛生长的新梢长度超过 20 cm 以后，在空间允许时，则不可尽将疏去，可分别采用扭梢、摘心、拿枝、变向等措施予以控制，勿使徒长，尽量发挥已成叶片的生产能力，在花后视情况去除或改造利用。当然对强旺树，也可在此期疏除，以削弱树势，使之趋于中庸。

三、开花期

开花期从始花到坐果为止，历时约 45 d。生产上的主要任务是保花。修剪上的任务主要是调整长放枝的位置，勿使其强旺；及时疏除退化花。

四、果实发育、花芽分化期

此期指从坐果到第 2 批花芽分化高峰之后的一段时间，果实发育与花芽分化是此期的两大中心。

按照这一时期树体生长与果实发育规律，在修剪上除控制徒长枝，及时疏除病、虫枝，特别是要注意幼旺树的秋季徒长，以提高树体安全越冬的能力。

五、休眠期

落叶之后，树即开始进入休眠期，休眠是一个相对的概念，因为休眠期果树并没有停止生命活动。如落叶前积累营养物质的转化与贮藏，贮藏物质的水解，使细胞液浓度增加，呼吸减弱等。在北方产区，冬季防寒是石榴树休眠期管理的重大任务。休眠期是石榴树修剪的主要时期，我们所讲的修剪，主要在这一时期进行，它是一年中修剪的基础，其他时间的修剪都是对此期修剪的延续、补充和维持。

第四章

常用修剪方法及生理反应

　　果树修剪方法很多，在不同书籍里有不同的描述，归纳古今诸家之说，分析观察石榴生理效应，可概括的总结为截、放、缩、变、伤、疏六类，各类方法因使用时间、所处的位置和程度不同而有一定的差异，下面就这六种方法使用范围及其生理效应作如下简要的介绍。

第一节 截

截是指在休眠期修剪时，对一年生枝剪去一部分的修剪方法。它具有明显的局部刺激作用，整形修剪中，普遍应用于对生长期、生长结果期树上各类骨干枝、延长枝的处理；维持修剪中常用于大型结果枝组的领头枝的培养，对衰弱枝的复壮等，以达到增强生长势的目的。

截因剪切程度的不同，产生的效应有明显的差异，这些差异产生的原因在于树体生长极性和芽的异质性。在修剪实践中，按照剪切程度不同，可分为以下几种。

一、轻短截

即剪去被剪枝长 1/4 以下的方法。因为剪去部分占枝长的比例很小，对其影响也很小，相对长放来讲，具有轻度刺激作用，多用于缓和生长，促发短枝，诱导成花之用；在石榴树上，因刺状枝发达，生长点多，当上部被抑制后，顶端优势即行分散，上部的刺状枝将代替原头生长，微弱的刺激作用仅限于剪口下，对以下其他枝的作用不够明显（图4-1）。这种反应的强弱与树势及被剪枝在树冠

图4-1 轻短截在平斜枝上的反应

上所处的位置有关，枝势直立及处于优势位置的刺激作用强（图4-2），处于劣势位置的刺激作用弱一些，对于平、斜枝来讲，生长的优势在背上位置，剪口芽的优势不明显。由于石榴树的枝芽很多，萌芽力很强，所以轻短截只是在特殊情况下使用，一般生产上应用不多。

二、中短截

即在休眠期修剪时，对一年生枝剪去枝长 1/3~1/2 的方法。

图 4-2　轻短截在背上枝上的反应

中短截后剪口下易生 2 个以上的强壮枝，表现出明显的局部刺激作用（图 4-3）。

中短截的对象是生长强壮的一年生枝，剪口下芽子饱满，又处在生长的优势位置，剪后萌生的新枝生长势力强壮，能迅速的扩大树冠，所以，此法多用于生长期、生长结果期整形中骨干枝延长枝的处理之用。

在对于需要刺激生长，增强树势的情况下也常使用这一方法。如对加强局部生长势力，增加生长量，以及老、弱树需要复壮，畸形、偏冠树的校正等方面

图 4-3　中短截上的反应

也常用到这种方法。在实际操作中要注意剪口的位置，剪口一般应在距离芽子1~2cm处落剪，离芽子太近将会出现剪口芽生长受到不良影响的情况（图4-4）。

三、重短截

指剪去一年生枝长3/4以上的修剪方法。它具有明显的局部刺激作用，因剪口下多为半饱满芽或不饱满芽，在位置上靠近母枝，无机营养充足，在处于强势生长位置时，容易萌生强旺枝或徒长枝（图4-5）。在石榴树上，除用于局部生长平衡外，一般不常用此种方法。但是在生产实际中，常有疏枝方法把握不准确，无意留下残桩，表现出重短截反应，诱发强旺或徒长枝的情况（图4-6）。

四、摘心和剪梢

是指生长期对新梢剪去一部分的修剪方法。对于未木质化的新梢掐去顶端幼嫩部分叫摘心。对于半木质化或已经木质化的新梢剪去一部分的修剪方法叫剪梢。因为处在生长季节，它无明

图4-4 剪口离芽子太近的反应

图4-5 重短截修剪反应

显的局部刺激作用。反倒因为剪去枝段的比例增大抑制作用显。在具体应用中，以摘心方法为多，剪梢较少。在夏季摘心，有限制新梢加长生长，促进侧枝成熟和生长，增加冠幅和枝径生长的作用；在秋季摘心，可限制枝条的加长生长，促进枝条健壮、成熟，提高冬季的抗寒能力的作用，对于结果树，它可促进该枝组织充实，加速成花结果的作用（图4-7）。

图4-6　疏枝不到位表现的
极重短截反应

图4-7　摘心的修剪反应

第二节　放

　　放，是在休眠期修剪时对一年生的（多指强旺枝）枝条不加剪切的修剪方法。放，具有典型的缓和生长的作用（图4-8）。石榴枝上多茎刺，并可转化为侧枝，幼树在生长期常作二次、三次以及四次分枝横向扩展。长放的枝条，由于不被刺激，具有增加养分积累，促进花芽形成的作用。在石榴幼树上，为加快树冠的形成，迅速形成较大的叶面积，在定植后的1~3年内，一般不采用剪切措施，尽量采用短截、长放、变向的方法加速生长。放的措施频繁应用于幼树休眠期的修剪上。

　　对长放2年以上，未结果的多年生枝继续放的措施叫作长放。由于被放枝本身的枝芽未被影响，叶面积大，有明显的整体促进作用。充分利用生长强旺的营养枝，在休眠期、生长期修剪的多种措施相互配合下，引导被

图4-8　放的修剪反应

放枝由营养生长向生殖生长方向转化，具体的方法有：

1. 长放与疏枝相结合

它适用于这一位置需要一个更新枝，但周围又无空间可拉枝的情况下，为了控制强旺生长，采用疏枝的方法来配合。就何时疏枝，要以实际情况来定，若被放枝一般旺盛，可在冬季修剪时疏枝；若被放枝十分强盛，则应在夏季修剪时疏枝。疏枝量以能平衡该枝中庸偏旺生长为度。

2. 长放与变向相结合

对于旁侧有充足空间的情况下，冬季修剪中长放的枝条，在生长期及时拉枝，去除它的顶端优势地位，迫使它将旺盛的营养生长向生殖生长方向转化，形成强健的结果枝组。但被长放枝多数处在优势位置，若忽视后期跟进措施，往往会因放而形成树上长树的现象（图4-9）。

对于幼旺树来讲，长放是加速树冠形成，尽快形成最大叶面积，实现尽

图4-9　长放形成的树上长树的现象

早结果的重要修剪技术之一。对于中庸枝来讲，长放后来年就可以成花或结果，若花芽分化过晚，则往往形成退化花，不能结果，该枝则称为花枝母枝，是第二年优良的结果母枝。

第三节　变

　　变，是指改变某一枝在树冠空间内相对位置的修剪方法。它的对象可以是新梢，也可以是2年生以上的大枝。按照改变方向与方位不同，分为垂直变向和水平变向。垂直变向是通过改变枝条在空间的垂直角度，影响它的顶端优势和极性，以达到促控枝条生长与结果的方法（图4-10），这种修剪反应随枝条垂直角度变化幅度而不同，枝条角度增大，生长势力减弱；角度变小，生长势力增强。因此，在生长期拉枝变向的程度，取决于要求被拉枝的生长达到什么程度，可依据修剪需要达到的目的而定。

图4-10　拉枝变向修剪反应

变向的作用，对于被变枝而言，有控前促后、局部抑制和整体促进的作用。对周围的枝来讲，有类似与疏枝、扩大空间、增加通风透光，增强衰弱部位功能叶光合作用水平，增加养物质积累的作用。

图4-11　生长期用变的方法对多主干树进行单干式改造

变向技术，频繁应用于在生长季修剪中，幼树的整形，成龄树的多干式树形向少干形过渡的改造修剪（图4-11）等方面。变向技术应用的难点在于准确的把握使用的时间和程度两个方面。石榴枝条改变生长位置的措施，主要在开花期进行，这时枝条第一次加长生长高峰基本结束，加粗生长刚刚开始，枝条相对柔软，不易折断，容易弯曲，便于造型。同时，此时改变枝条生长方向，能够有效地解决树冠局部的通风透光条件，提高光合作用效率，能够提高坐果率，对花后的花芽分化也有很好的促进作用。在具体操作中，从什么位置弯曲，弯曲到什么程度，要根据实际情况而定。弯曲程度不够，容易引起上强，弯曲程度过大，容易促进背上萌生新梢，形成新的徒长枝（图4-12）。在必须大角度弯曲的情况下，要注意及时抹除背上的萌芽，保证达到修剪的目的。

图4-12　大角度弯曲后萌生的背上枝

第四节　缩

　　缩（又称回缩），是指对多年生枝剪去先端一部分的修剪方法。这种修剪方法，有缩短根系与枝、叶间之间距离的作用，加速物质交换，在生理上，有类似于截的功能，此方法多用于改善树冠局部通风透光，复壮树体，促进紧凑，达到树体立体结果的目的（图4-13）。

图4-13　对多年生枝回缩的修剪反应

　　缩与放、变措施关联密切，频繁的应用于结果枝组的培养、更新和复壮等方面。缩，归属于维持修剪措施的范畴。放促枝，变促花，多结果，缩复壮，这是一个过程的3个阶段，即培养结果枝组的重要方法——先放后缩法。采用先放后缩法，也是石榴结果枝组培养的重要方法之一。

缩的修剪效应，因采用时间不同而有差异，一般冬季回缩有局部刺激作用，能使剪口下部位获得顶端优势（图4-14），生长强盛，有复壮的作用；在生长季节，回缩通过减少树冠叶面积，而达到整体抑制生长的作用，对剪口下无明显的促进作用，由于抑制作用十分明显，所以使用时必须慎重。

图4-14 休眠期回缩的复壮效应

图4-15 生长期回缩造成的衰弱现象

对于十分强旺的树体，也可利用这一特性来调节树势，平衡营养生长与生殖生长之间的矛盾。在强旺的郁闭树冠内，回缩某一大枝，对周围相邻枝有改善通风透光条件，促进生长、平衡、校正畸形树冠的作用。应该指出，因怕树体强旺生长，生长期在树上随意乱打头的做法是极其错误的（图4-15），它会严重的削弱树势，诱发病害发生，这是过去短截修剪时期留下的痕迹，应该予以纠正。对于衰弱树的回缩，应在休眠期尽早进行，同时应配合截的措施，以利于促进树势尽快恢复。

实践中，回缩修剪技术的适用对象主要是具有一定生长势力，生长位置中庸偏强以上的多年生枝，在实施回缩修剪之后，其效应比较显著，而对于生长在树冠下部弱势位置，上部又有强盛枝的情况下，不可回缩弱枝，否则会加速被回缩枝的衰弱和死亡（图4-16）。这一点务必引起重视。

图4-16　回缩劣势位置枝条引起的衰弱现象

第五节　伤

伤（又称造伤），是为了实现栽培目的，人工造伤技术的总称。伤是通过有目的地对树体局部输导组织造成创伤，实现修剪愿望的一类方法。剪（锯）口伤的效应已在各具体措施中分述，这里只解释人工特意造伤的意义与作用。在这类修剪方法中，包括了内伤和外伤两大类。

内伤是指只对枝内木质部造成创（损）伤的措施。木质部的导管，是树体从土壤中吸收水分和无机养分向上运输的通道，当在外力的作用下，由于木质部和韧皮部组织在韧性上的差异，使向上运输的输导系统在一定的时间内被损伤，暂时减少了对上部水分与无机养分的供给，使生长暂时得到缓和，但此时，皮层中向下输送光合产物的筛管依然发达，可向下不断输送有机营养促进根系的生长，因而产生了局部控制和整体促进的良好效应。可产生这种效应的修剪方法有：拿枝、软化、揉枝等方法，它作用的对象主要是中、小枝，实际应用中常与拉枝、变向等技术相结合。

外伤则是以对树体皮层造成创伤为主，作用是影响叶片制造的有机营养通过筛管向下运输，而不影响根系吸收的无机养分向上运输，被处理枝创伤部位以上所产生的有机养分滞留在伤口以上，形成了所伤枝在整体有机养分分配中的相对独立性，实现这类措施主要的方法有：目伤、环割、环剥、倒切皮、大扒皮等，这种创伤效应的强弱，因创伤所处的位置和程度而定，若在主枝上，则会产生明显的局部效应，对于整体有一定的抑制作用；若在主干上，则有明显的整体抑制作用，这种作用常因伤口的增大而作用更为明显。20世纪80~90年代，陕西省临潼产区有些果农采用主干环割、环剥的办法暂时提高了坐果率，但却出现了整体衰弱，严重感病，甚至整株死亡的严重后果，其教训是深刻的。

目伤，是为了促进伤口以下部位芽子萌发，而在芽子上方0.5~1cm的地方，横向平切一刀，切透皮层，再在上方弧形横切一刀，两端刀口与第一横刀口相连，然后去掉其间树皮，所成伤口酷似眼目，故称"目伤"。目伤主要用在大枝光秃带的求枝补空时使用（图4-17）。

综合上述可见：伤无论在生长期还是在休眠期采用，都是典型的整体抑制措施。在生

图4—17　目伤的促枝反应

产中，更多的用于生长季节树体局部平衡的调整，整园中个别单株生长势的调控，幼旺树向结果为中心的转变调整时使用。伤在应用不当时易造成严重的不良后果，所以，在操作中应认真辨析，正确使用，方能实现栽培的愿望。

第六节 疏

疏，是指将某一枝条从与母枝分枝处彻底疏除的修剪方法。在生理上具有控前促后的作用（图 4−18），其作用的强度与伤口半径的大小与母枝粗度有关，伤口越大，作用越强，伤口越小，作用越弱。

图 4−18　疏枝控前促后的作用

疏枝能够规范树体结构，有效改善树体局部光照条件，增加有效叶面积，减少无效叶面积，提高树体整体营养水平。疏枝可增强伤口以下部分的生长势力，对于解决内部光秃带、缓和伤口前的生长具有一定的效果。实际操作中应该注意的几个问题：

一、疏枝与重短截似是而非的问题

疏枝时无意的保留残桩是最为突出的问题，主要有 3 种类型。

第一是三角形残桩，产生这种情况的原因主要是枝位较高，修剪者站立举手可以够着剪切，但剪口无法平剪，在斜剪的情况下，在母枝处留下一个近三角形的残桩。在强旺的母枝上，桩的长面

侧方往往萌发枝条，形成新的徒长枝；而在中庸枝上萌发后往往长成弱枝；在弱枝上则常形成枯死的残桩（图4-19）。这种情况下，所留的残桩可能死亡，在枝的背上留下一个感病的部位；在残桩上有芽子时，可以萌发，产生极重短截的修剪反应，迫使再次疏枝。

图4-19　疏枝时留下的三角形残桩

二、疏除大枝不彻底

对于多年生大枝疏枝不到位，留下残桩后往往枯死，腐朽影响母枝的坚固性和输导能力（图4-20）。这种情况在盛果期以后的石榴园中普遍存在。这些残桩腐朽后可深达木质内部，影响水分和无机营养的向上传送，同时影响树干的承载能力。第三是为病虫害提供了寄

图4-20　疏枝时在大枝上留下的残桩

生之处。所以，在修剪中应该注意克服这一点，用正确的疏枝方法来克服此类问题的形成。

三、类似于重短截

由于修剪时的手法不够严谨，着剪偏高，形成残桩，进入生长期后，剪口下芽子萌发，形成新的无用枝。有的甚至随意的把该疏除的枝条重短截，造成十分恶劣的后果（图 4-21）。这种情况多数是修剪者技术操作不严谨所致，应该注意改正。

图 4-21　目的不明确的反复重短截

四、对口伤疏枝

这种方法对于伤口前的抑制作用过于严重，并对伤口的愈合不利，容易造成伤口处组织腐烂（图 4-22）。若这两个枝必须疏除时，可分期进行，首先疏除严重影响的，对于次要的应留茬回缩，待被疏除枝的伤口基本愈合后再疏除另一个被回缩的树枝，这样分次疏除就会减弱对伤口前的强度抑制。

图 4-22　对口伤疏枝影响锯口前枝的生长

五、除萌

除萌是指将石榴树根际处萌生的枝条疏除的技术。由于石榴树本身的灌木性，所以，根际处常常萌生枝条，影响正常的栽培管理，生产上人们常把这些萌蘖除去，但是，由于方法的错误，致使树的根颈处伤痕累累，表现出萌蘖越疏越多的情况。

正确的方法是：将根际处的土壤挖开，找到萌生根蘖的分枝点，然后严格按照疏枝的方法，将它疏除。这样就再不会产生萌蘖了（图 1-30 和图 1-31）。

第五章

常用树形建造与评价

对于栽培果树来讲，采用树形的基本原则是树的生物学特性。那么，石榴树应采用哪些树形呢？让我们做以下的讨论来决定。

第一节　确定树形的根据

在第一章，我们讨论了石榴树的生物学特性，知道了石榴树属于灌木或小乔木，在自然状态时，常因萌蘖丛生，形成多干、丛状半圆形或扁圆形树冠，树高可达 5m 以上，冠幅有 6m 之多。同时，由于它一年生枝上多茎刺，多次分枝以及芽具早熟性等特点，树冠外围容易郁闭，冠内光照不良，导致结果部位外移，内膛大枝背上常萌生新梢徒长，冗枝繁生，亘延交错。因此，虽能开花结果，但总难尽如人意。

栽培石榴树就是依据这些特性，参照太阳辐照原理，枝角结构原理，在调查研究与试验观察的基础上，最大限度利用它的生物学特性，科学合理的造就一个更适于生长和结果的理想树形。

石榴树生长结果习性和科学原理是建造树形的根据。现在生产园中常用的树形有：单干圆球形，双干、三干半圆形和多干扁圆形等树形。各种树形都有它特定的最佳适宜范围，就一般规律来讲，树体主枝结构级次越高，内部矛盾越多；就石榴而言，树冠内部矛盾随主干数的增加而复杂；园地矛盾因株数增加而加剧。因此选用什么树形，除环境因素外，要根据立地条件和经营者的管理能力而定。

一、树体结构与丰产性

以往曾提出"因树修剪，随枝造形"的指导思想，但笔者认为：凡要修剪，必要造形，造型必有取舍原则，这个原则就是基于树体生物学特性原则下，依照科学原理和实践总结而产生的"形"。

无论对幼树的树形养成，还是放任树改造，都要有这个理想遵循的树形。树形是为生产实现较高产量和优良品质服务的。在同样的立地条件下，单位面积商品果的产量与效益差异很大，高者有2 000~2 500kg，低者仅有几百千克，原因在哪里呢？我们可先解剖以下树形的因素。

（一）树冠大小与结果容积

树冠，指果树地上生长枝叶部分的总称。

结果容积，指在一定树冠体积内，能够结果部位的总和。就单株来讲，树形大，树冠体积大，结果部位多，产量大；树形小，树冠体积就小，结果就少，产量也就小。

表 5-1　　石榴树形大小和结果的关系

密度（m）	亩栽株数（棵）	每亩树冠体积总量（m³）	树冠内光秃带体积（m³）	平均每 m³树冠结果（g）	折合亩产*（kg）	次果率（%）
6×7	16	2 461.8	201	664	1 501.8	17.4
2×3	111	1 176.6	0	2 083	2 449.6	6.8

就单位面积来讲，树形大，栽植株数少；树形小，栽植株数多。那么，大树冠和小树冠的产量和效益怎样呢？据调查如表 5-1 所示，树冠大小与优质果产量不为正相关，大小树冠相比，大冠株数少，进入盛果期相对要晚许多年，在进入盛果后，冠内枝间矛盾尖锐，由于枝间的相互竞争，导致树冠内膛空虚，单位面积内有效叶面积减少，不利于总体生产水平的提高。

（二）有效容积与无效容积

有效溶积，指在单位面积树冠的生长空间内，具有生长功能叶和结果部位的总和。

---

*1 亩 ≈ 667m²，15 亩＝1hm²，全书同

　　无效容积，指在单位面积的树冠生长空间内，不具有生长功能枝叶和不能结果部位的总和。

　　石榴树冠的圆形或半圆形结构，形成了树冠增大，内膛无效空间增大的情形，为使树冠内膛不空，则需疏去部分大枝，使阳光通透，这样外部又有了无效空间。可见，大树冠有一定的无效容积存在于树冠的内部或外部，并以内部无效容积为主，这些无效容积随着树冠的增大而增大，当在株间、行间郁闭后，其相邻株行间的无效空间彼此愈合，形成一个高在2 m左右较大的无效空间（图5-1）。因此，在单位面积内形成了产量不随树冠体积的增大而

图5-1　盛果期园的冠内空虚状态

增加的情况，并且次果率伴随着树冠增大而增加，作业难度和生产成本随着树冠增大而增大。可见，决定单位面积产量的主要因素在于有效结果容积的增加，而与树冠大小无关。因此，凡能最大限度扩大有效容积，缩小内、外无效溶积的树体结构，都是石榴树的丰产树形。

二、提高亩产的基本条件

　　要提高亩产水平，在修剪上应做好以下工作。

　　第一，充分提高土地利用率，使树与树间不留无意义的空地。

　　第二，在树生物学特性许可下，以不影响下层枝结果为前提，尽可能使树体向上立体发展，尽可能增加高度。

　　第三，通过修剪减少无效空间，增加有效叶面积和结果容积，以此实现优质与高产。

第二节　常用树形的建造与评价

一、单干圆球形

树形结构属二级结构，主干上着生主枝，主枝上着生大型结果枝组，一般干高 40~50cm，冠高 3m，冠幅 2.5m，有大型枝组8~10 个（图 5-2）。

1. 造形技术主要有两种

（1）短截式养成。选用两年生苗木建园，在丛生的多个枝条中，选 1 个发育健壮的留作为主干，疏除其他枝条，定植后距地面50 ~ 60cm 处短截（图 5-3）。

图 5-2　单干圆球形树冠　　　图 5-3　单干圆球形整形——定干

待新梢萌发后选 2～3 个做主枝，第 1 主枝距地面 40~50cm，其下萌生枝宜尽早除去，以上各主枝间距可视空间状况，下部 2~4 个主枝构成一层，间距以 20cm 左右为宜，并使其向周围均匀分布，在两层主枝间距大时，其间插入中、小枝组补空，生长期若有生长过强的，可于一定长度摘心，抑制其生长，平衡与相邻枝的关系。在休眠期修剪时，骨干枝剪去先端 1/3，营养枝冬季放任不剪。第 2 年主枝上新梢生长到一定长度后，自各剪口下选 1~2 个做侧枝（即结果枝组）外，其余若不密生，可改变方向，缓和生长，促进成花，过密者应适时抹芽疏去。对上年冬季长放的营养枝，可在第 1 次加长生长结束时拉平或拉斜，以不影响主枝生长为度。主干延长枝可加强其生长势力，对剪口下萌生的强枝，应适时调节角度，勿使其与延长枝竞争。石榴枝条柔韧，生长期极易弯曲，并由弯曲处另生强枝接替生长，对生长过程的主干延长枝可人为弯曲，改造成主枝。这样继续 5～6 年，树形骨架建造基本完成（图 5-4）。当树形建造完成后，即进入盛果期，延长枝不再剪截，任其成花结果，自由生长，完善树体，丰满枝组。只是应及时更新

图 5-4　单干圆球形整形——初果期形态

结果枝，勿使衰老或外移为度。

（2）长放式养成。选用两年生苗木，保留丛生的多个枝条栽植，成活后当年夏秋季，从中选 1 个发育健壮的留作为主干，将其他枝条全部拉斜或拉平，用以尽快形成叶面积（图 5-5），促进根

图 5-5　单干圆球形整形——长放式养成的夏季管理

系的发育，在休眠期修剪时，根据情况疏除或做辅养枝利用，在影响主枝生长时（一般第二个休眠期修剪时）进行疏除。对选做主干的枝条，休眠期修剪时长放，不加剪切，待来年花期，从距地面 50cm 处变向，向侧方弯曲 70°，培养成第一主枝（大型结果枝组）（图 5-6），在弯曲处背上的芽处上方 0.5cm 处目伤，促使其萌发，形成新的主干延长枝。

图 5-6　长放式养成的夏季拉枝

在新的延长枝长到10cm左右时，进行摘心，促进茎刺长成枝条，培养成结果枝或中小型结果枝组。对摘心后再形成的主干延长枝，尽量保持强旺生长，休眠期修剪时长放，翌年花期再由距第一主枝20cm处向相对一方弯曲70°培养成第二主枝（大型结果枝组），在弯曲处背上的芽处上方0.5cm处目伤，促其萌发，形成新的主干延长枝。在新的延长枝长到10cm左右时，进行摘心，

图5-7 长放式养成背上新的延长枝形成

促发茎刺长成枝条，培养成结果枝或中小型结果枝组。对摘心后再形成的主干延长枝尽量保持强旺生长，休眠期修剪时长放，翌年花期再由距第二主枝20cm处向侧方垂直于第一主枝、第二主枝，弯曲70°培养成第三主枝（大型结果枝组），在弯曲处背上的芽处上方0.5cm处目伤，促使其萌发，形成新的主干延长枝。循此法在与第三主枝相对一方养成第四主枝。依次法养成由此以上各主枝。

长放养成法的优点在于：不拘一格，把握原则，除部分不宜保留的进行必要的疏枝外，以生长期拉枝变向为主要的修剪手段，在整形阶段剪切量小，叶面积形成快，结果早，盛果期来得早。缺点是树冠枝条多，略显凌乱，特别对于初学和技术不太熟练者，不易操作。

用以上两种方法养成的树冠各有优势，短截养成法的优点在于

简洁、明了、主从层次分明，对于初学和技术不太熟练者来说，易操作。

长放养成更为简便，但夏季修剪量大，对时间要求严格，并要密切关注生长情况，及时处理，错过时机就会造成损失。

2. 树体评价

单干圆球形树形小，对空间利用率高，易整形，好控制，易更新，树势健壮，结果部位外移慢，适于亩栽 80~110 株的中、高密植园采用。在树冠成形之后，不再分生侧枝。在整形特点上，生长结果期以前，除短截延长枝、疏除背上枝外，其余长放，待夏剪时拉枝变向，以保存大量叶片，迅速占领空间，尽早形成产量，促成立体结果。它具有无效容积小、单位面积产量高、品质好等优点，是近几年推广和采用的主要丰产树形之一。

其缺点是树形小，密度大，用苗多，建园成本较高；树势强，枝易分化，有外强内弱之弊病，对栽培技术要求高。

二、开心式扁圆形

此类树形分两干式和三干式两种，现分述如下。

1. 两干开心式

扁圆形为二级主枝结构，即主干和主枝。树形结构，从地面处相对斜生主干两个，与地面夹角 40°~50°，干高 60cm，树高 3m，冠幅长 3.5m。每主干上分生主枝（大型结果枝组）5 个，全树共有 10 个，其上分生中小型结果枝组若干，无侧枝（图 5-8）。主干培养有两种主要方法，即单株平茬法和双苗定植法。

（1）单株平茬法。即每穴定植一株，定植后从地面处剪截，待萌生枝条后，选择生长健壮，方位适当者加以培养，生长中多加促进措施，其余枝可尽早除萌，若耽误后应加以控制，拉平改向，给主干生长让出充分的生长空间，但生长季不可疏除，以保持较大的

图 5-8　两干开心式扁圆形

叶面积，待冬季整形时疏除，以后加强控制，不加保留即可，仅留两主干加以培养。

（2）双苗定植法。即每穴相对定植两株苗木，栽后适度短截，分别向行间适度倾斜，萌芽后趁早抹去主干下部萌芽，以保证上部枝条的营养供给，使其能尽快生长。

上述两种方法，均可获得两个良好的主干。定植后当年冬季整形时，对两主干上所选延长枝，可将主干按已定角度拉斜，长放枝可拉至水平或者下垂位置，以不影响主枝生长为度。

侧枝的培养：在距地面 60cm 处选留第一主枝，在距第一主枝上相对一侧 30m 处选留第二主枝，第一主枝和第二主枝在主干上的位置以背侧为好，分枝角度以 70°~80° 为宜，为开张主干（枝）角度，在不防碍主干（枝）生长的前提下，可于背上适当培养枝组，其大小以中、小枝组为宜，但应控制，毋使旺长，扰乱树形。第 2 年冬季整形时，主干及各主枝延长枝，可适度短截，其余长放，对以前长放已拉开枝条背上所生的强旺枝，应予以疏除，若有空间时也可再放，来年春季萌芽后，在第一批长放枝上可部分开花，让其开放或结果。在主干延长枝上距第二主枝 50cm 处（与第一主枝同侧）选留第三主枝。此后依照上法，培养第四主枝，改造利用强旺枝，第四主枝以上可长放主干延长枝，令其成花，培养成第五主枝，此树形一般自定植后 5~6 年完成造形。

（3）评价。两干开心式扁圆形造形简单，内膛光照充足，树冠中大，结果外移慢。适于亩栽 55~70 株的中、高密植园采用，因两主干均向行间斜生伸展，故行间宜宽不宜窄，其株行距以 2.5m×4m 或 3 m×5m 为宜。

缺点是因开心，两主干间的冠内无效空间较大，对上层空间利用率不如单干为高，若在向内位置培养枝组，控制不当时，往往强旺，有背上枝换头现象，并恶化冠内风光条件，应予以防止。

2. 三干开心式

扁圆形树体结构。从地面处水平位置相对间隔 120° 分生三个主干，与地面夹角 40°~50°，干高 60cm，树高 3.5cm，冠幅 3.5~4m，每主干上分生主枝 5 个，全树共 15 个，在各主枝上直接培养结果枝或结果枝组，不配侧枝（图 5-9）。

（1）造形技术。该技术均同于两干式造型方法，只是起点为三主干而已。三主干养成之法，可用三苗栽植或单苗平茬另养而成。

（2）评价。三干开心式扁圆形树冠垂直投影呈圆形，适于株行距相似或相等的设计，如 4m×5m；4.5 m×5 m；5 m×6m 等，亩栽 30~50 株的稀植园。主干多，单株枝量大，成形

图 5-9 三干开心式扁圆形

快，树冠体积大，单株产量高。

缺点是主干多，在进入盛果期后，冠内各主干、主枝间矛盾复杂，光照易恶化，并因此常导致结果部位外移，树体中心位置的中、上层无效空间太大，对空间利用不经济，背上易生强枝，若不及时控制，将导致冠内小枝枯死，次果率升高。

三、多干丛状半圆形

树形结构。该树形为近似于野生形态的栽培形。主干有 4~10 个以上不等，成丛交错混生，树高在 3~6m 不等，冠幅 5~7m 各异（图 5-10）。

（1）造形技术。栽培上几乎放任，少有人为主观意志，自栽植后主干数一般不予控制，只略作病、虫、弱枝等非原则性疏删，造形无更多技术要求。

图 5-10　多干丛状半圆形

（2）评价。多主干丛状半圆形树冠容易成形，结果早，适于单行栽培或果粮间作时采用。一般株行距不得小于 5m×6m。

缺点：因干多、放任，内膛枝互延穿错，主枝间生长势力强弱分明，差异悬殊，因此冠内矛盾复杂。多呈表面结果，对空间利用率低，内膛光照不足，无效叶面积增加，枯枝严重。生产中应控制、改造、利用。

第三节　整形中应注意的几个问题

一、主枝的位置

各种树形主枝安排位置即定，这里单就主枝位置与树体的关系加以讨论，以明了原理，便于生产实施。

在第二节内容提到，整形中凡需配备主枝时，主枝应于主干背后侧位置着生，分枝角度大小因其所在位置而定，一般下部主枝垂直角度大于上部，水平分枝角度上下基本相同。分枝角度与生产的关系主要在于对光的利用、本身负载、便于管理几个方面。

1. 光能利用

太阳光是以射线形式辐射到树冠上的，因此，随分枝角度增大，光线容易射到树冠内，使内部枝、叶能够得到良好的光照，可使内膛无效叶片减少到最低程度。

2. 主枝的负载

主枝负载能力与分枝角度有关。有人曾以苹果的分枝为材料做了试验，得出结果是：当主枝角度为30°左右时，抗劈力只有25.63kg，39°左右时为29.03kg，43°左右时为29.57kg，45°左右时为33.43kg，55°左右时为42.50kg，而75°时则达48.85kg。由此可见，分枝角度越大，负载力越强。事实上，石榴木质强度高，较苹果抗劈力要强一些。

3. 分枝与管理

从上述分析可见，分枝角度增大，对于增强光合作用与主枝负载都是十分有利的。但受树体极性生长的影响，不能过度增大分枝角，分枝角度越大，生长势越弱，若分枝越接近水平时，生长的极性就难以消耗，而将极性转移到背上，诱发背上位置萌生强旺枝或徒长枝（图 5-11），影响树形稳定；在分枝角过小时，主枝生长势增强，可能与主干延长枝相互竞争（图 5-12），冠内关照条件恶化，其下位置的枝条见弱、枯死。可见，适当的主枝位置，是丰产树形的基本要素。一般要求有 70° 左右的分枝角比较合适。

二、骨架的牢固性

主枝分生于主干上，整体负载的牢固性主要依赖于主干与主枝及其他枝的从属关系，集中反映在以下两个方面。

图 5-11　突然增大腰角诱发背上萌　　图 5-12　分支角度太小引起的
　　　　　生徒长枝　　　　　　　　　　　　　竞争现象

（一）主枝的尖削度

所谓尖削度是指某一枝（干）由基部到梢部干粗直径缩小的程度。良好的结构，要求有较大的尖削度。石榴造形主要在生长结果期以前，此时树体离心生长旺盛，枝的尖削度较小，若骨干枝修剪尺码放长，或利用生长势极强的徒长枝不加短截而作骨干枝，虽可使树冠体积迅速扩大，但易使树体松散不牢，这是幼树生长虽快，不能急于成形的重要原因。凡早期急于成形者，以后表现主枝角度不稳而易变大，其上结果枝组不充实，不紧凑，冠内空隙大而多，易发徒长枝。在修剪上，生长季强枝摘心、剪梢、冬季短截等，都是增加枝的尖梢度，促使树体结构稳定的措施，在生产中可灵活应用。

（二）分枝角与木质纹理

从果树整体枝类来看，主枝从属于主干，侧枝从属于主枝，枝组从属于侧枝。表现为全树由主干及延长枝统领、级级从属、结构分明。这样的结构，能使各小枝的重量递升到各自的上级枝上，最后汇总到主枝上，由主干支撑全树。作为主枝，要负载较大的重量，首先必须与主干结构牢固，不易劈裂。影响主干牢固性的主要因素有以下几点。

（1）主干相对粗大，主枝相对较小，才能结构牢固。若二者粗度相同时，分枝的负重力最弱。干与枝粗细差异越大时，它的分枝点便深深嵌入主干的木质内，不易劈裂。因此，修剪时，保持各类枝的从属关系，不仅是树形结构平衡的需要，更是骨架牢固的需要。

（2）当分枝角度较大时，分枝内上方的皮层即随分枝的增粗而形成老翘皮脱落，使分枝处主干与主枝的木质结缔组织健全牢固，结构紧密而不易劈裂（图5-13）。若分枝太小时，由于两枝迅速增粗，内侧皮层因受木质增粗和挤压而夹在两枝木质之间，形成死皮层（图5-14），主枝虽在增粗，但分枝处的木质结缔不能随年轮的

图5-13　合理的分枝关系

图5-14　分枝角度太小的内部木质内部夹有的死皮层

增加而形成紧密的木质结构，当主枝负载增加时，难免劈裂而造成损失（图5-15A和图5-15B）。

A. 不合理的分枝角度　　　　B. 分枝角度太小造成的劈裂

图5-15　主枝负载增加造成支干劈裂

在整形时，凡用竞争枝做主枝者，终难免要受这方面的影响。

三、造形与维持的必要性

石榴虽为灌木或小乔木，但幼龄时极性生长明显，为顺应这一特点，必须使其达到一定高度和冠辐，使幼龄时强盛的离心生长力消耗到近于平衡的状态，完成树冠生长。为长远着想，在幼树生长过程中，利用此时生长的离心力，必须诱导建造适当树形，达到枝叶空间分布

图5-16　放任2年后的树冠状态

的合理性。但是，在造形结速之后，伴随结果增加，因生长特性、营养分配、枝间位置变化等因素，极易使彼此间稳定的关系发生变化，若背上萌生强枝转旺，冠内风光条件恶化，根蘖丛生，原有枝相对位置与势力的转化等，强势的转弱，劣势位置出现枯死，部分大枝出现结果外移，内膛空虚，自然的向恢复原始野生状态变化（图5-16）。因此，必须坚持通过修剪，调节平衡，保持相对稳定，就要坚持实行维持修剪。

第六章

石榴树维持修剪

所谓维持修剪，就是对已造就的树形，按照造形时设计的结构原则，对树上各类枝彼此间从属与平衡关系的巩固、更新与持续利用。通过维持修剪，保证树体各类枝间生长与结果的平衡，调节单株整体生长势力与园内各株间彼此的关系，保证树体健壮生长，使园相整齐一致。

维持修剪，是石榴树生产过程中修剪工作主体内容，维持修剪的水平直接关乎到生产能力与经济效益。

第一节　结果枝组的培养与更新

结果枝组是指由两个以上结果枝所构成的结果单位。结果枝组是树冠内形成产量的基础，按其占有空间的大小，分为大、中、小三种类型。现就各类型枝组在石榴树上的培养与更新技术作以介绍。

一、弓形养成更新法

石榴树结果枝组的弓形养成技术，在石榴初果期结果枝组的培养与更新中普遍应用，实践证明，它是幼树早期丰产、盛果树组内更新、衰老树复壮等方面频繁应用的修剪技术之一。

弓形养成技术，适用于大、中型枝组的培养。整个过程以放、变、伤、缩的修剪方法为主，截、疏配合。结果枝组的培养与幼树整形同时进行，即在整形过程中，对非骨干枝的强旺枝冬季长放，在生长季节拉枝变向，缓和生长，促花结果，并长期维持生长势力，终生利用。

二、大型枝组的弓形养成过程

1.选枝培养

在整形过程中，选择各主枝间或主枝上具有较大空间隙处（即欲安排结果枝组的位置处）着生的强旺枝，在生长季前期加以摘心培养（在有空无枝的情况下，可用刻伤技术，在适宜部位选芽，于其上约0.5cm处刻伤，刺激生枝，促进生长）。

2.第一次休眠期修剪

视其周围空间大小进行处理。若空间大时，可在先端1/4处短截（图6-1）刺激来年生长旺枝；若空间不大时，可不短截，长放生长，待后泥球拉枝：来年第1次旺盛生长结束时，配合柔枝，从基部稍上适当处揉枝，并向拟定方位拉弯（注意：弯曲的部位仅限于弯曲处的10cm右范围，不可从枝的梢部向下拉），梢部下垂，为防止回弹复位，可在拉枝时于枝适当位置配以泥球，其配重以能达到所需弯曲程度为准，切不可过重或过轻（为防止日后因雨水淋刷致使泥球脱

图6-1　大形结果枝组的弓形养成

落，可用短草和成草泥）。拉后该枝侧视如同一张"弓"（图6-2）。一般枝条当年梢部即可开花结果。此类结果枝可以连续结果2~3年。

图6-2　弓形培养的泥球拉枝

图6-3　弓形拉之后的背上枝萌发

弓背处新梢的管理：经拉枝后，该枝弓背处在获得顶端优势后，在背上侧位置的芽子即可萌发（图6-3），对弓背处所生新梢，选在适当位置着生者加以培养，对不需要的，应尽快抹除。在日照强烈的地区应适当保留，以防果实日灼现象发生。

3.第二次休眠期修剪

应疏除下垂枝中的细弱枝，保留健壮的结果枝，维持弓形状态，待春即可结果。控制背上枝，在不强旺生长时，长放生长，若强旺时，可适当疏除其上主要强枝，维持正常生长。

4.第三次休眠期修剪

经结果后，该枝生长趋于中庸，个别小枝出现衰弱的情况。此时，如果该处空间较大，可疏除弱枝，保留壮枝继续利用1~2年后回缩；若空间不允许，可回缩到背上枝分枝处，利用背上枝结果。此时即完成一个强旺枝向中庸、强壮枝组的过渡，完成了一个大、中型结果枝组的培养过程。

石榴结果枝组的弓形养成技术，是笔者多年来在实践中调查观察、反复试验后确定的早期丰产整枝技术，它使幼树旺盛的营养生长得到最大限度的利用，使强旺的营养枝迅速向结果转化的愿望得以稳定实现，利用早期结果稳定了树势，实现整体以营养生长为中心稳定的转移到生殖生长，这是一个重要的转换过程，它是幼园早结果的关键；在密植园，它将长期伴随该园的枝组更新。这一技术，在应用中最为关键的是整个过程的连续性和准确的把握拉枝的时间与程度。

当进入稳定结果的盛果期以后，可依领头枝斜生或直立的更新位置，调节枝组强弱及与整体的平衡，以至衰老更新（图6-4）。石榴潜伏芽寿命长，易萌发，所以，更新后领头枝的培养极易。由此法可实现早产、丰产、稳产的平稳过渡与衔接。

图6-4　弓形培养的衰老阶段

三、中型结果枝组的培养与更新

中型结果枝组的养成，可采用弓形养成、水平养成或斜生养成法。

用于培养中型枝组和小型枝组的枝条与培养大型枝组的枝条，具有以下区别。

（1）位置占在次于大型枝组处，为不可容纳大型枝组的中、小型空间，起插枝补空的作用。

（2）因位置的差别，生长势次于大型枝组。

（3）从永久性上看，随枝组变小，永久性降低；临时、过渡性明显。

1. 弓形培养与更新

同大型枝组一样，冬剪时对该枝先端不加处理而放任，翌年花期修剪时同大型枝组一样拉成"弓"形，只是因冬剪时先端未经剪截刺激生长较缓。第二年冬剪时仍放任生长，若拉枝后背上有强枝萌生，即可疏除。如此第三年花期，可望成花结果（图6-5）。此年对该枝的背上枝，适当处可以选留，用拿枝等技术控制旺长，以促成良好的结果母枝。第三年，冬剪时视具体情况而定，若枝组偏弱时，可将原领头枝回缩到背上枝分枝处，进行更新；若枝组强旺时，可在生长季节及时疏除背上枝上的强旺枝，利用原领头枝继续

图6-5 中型枝组"弓"形培养第三年状

结果。结果枝组更新的目的在于复壮，所以，在原领头枝未见衰弱时，切不可急于更新，也不可使原领头枝已近枯死而仍不更新，正确的是要认真判断，通过更新调节，使其能够保持良好的结果能力为度（图6-6）。

2.水平培养

在不适宜采用弓形培养的条件下，使用水平培养。被培养的枝，一般属于中庸偏旺枝，在冬季修剪时长放，待第二年春季于第1次生长

图6-6　中型枝组"弓"形培养的稳定状态

停止时拉成水平状，若周围环境不适宜时，也可提前或推后。待第二年冬季修剪时，可疏除背上枝，其余枝放任生长。由于该母枝生长近于中庸，易成花，第三年春季即可开花结果（图6-7），当年

图6-7　结果枝组的水平培养

冬季修剪时可将原领头枝回缩至中庸枝分枝处，并由该枝代替原领头枝生长。以后维持生长中庸状态，勿使其转旺或衰弱为度。

3. 斜生培养

斜生培养枝组，多适用于各级骨干枝延长枝转变为结果枝组的培养或类似枝的养成技术。这类枝一般生长较强，但又无空间（或周围不容许拉枝变向）的情况采用这种方法。

第1年冬剪时，以采用长放措施为主，对其上个别强枝，可进行疏除

图6-8 结果枝组的水平培养

（图6-8）。来年花期多用促花措施，尽量使其多坐果，其上未挂果的较大枝条可即行疏除，以削弱其生长势。而后尽量不用刺激修剪措施，尽量使用抑制、缓和的方法，视留枝量与结果量的多少，来平衡该枝组的生长势，并保持相对稳定的分枝角度，以不使其直立或下垂为度。

第二节　稳定型枝组的维持修剪

在结果枝组培养的过程中，要依照修剪原则，及时对所培养的结果枝组进行维持和更新。只有不断的更新，才能保持健壮生长和结果的稳定，在当前生产园中，结果枝组更新问题还没有引起生产者的重视，在大量生产园中，因结果枝组的无限期利用，导致衰弱、枯死的现象普遍发生，甚至因此而引起病害的流行。

一、健壮与衰弱枝组的识别

结果枝组的培养如前所述，本节主要讲述放任枝组连续使用已见衰弱的处理方法。为了便于判断，我们先介绍一下健壮枝组与衰弱枝组的状态。健壮的结果枝组叶色浓绿，生长健旺，精神饱满，枝条与枝组充实，无病疤，所结果实个大、色艳，少病害，商品果

图6-9　健壮的小型结果枝组　　图6-10　开始衰弱的小型结果枝组

率高（图6-9、图6-11和图6-13）；而衰弱枝组叶色黄绿，缺乏健壮感，枝上始见病疤，所结果实容易感病，商品果率偏低（图6-10、图6-12和图6-14）。

图6-11　健壮的中型结果枝组

图6-12　开始衰弱的中型结果枝组

图6-13　健壮的大型结果枝组　　　图6-14　开始衰弱的大型结果枝组

二、结果枝组的更新复壮

1. 大型结果枝组的更新复壮

对于经过结果开始衰弱的结果枝组，要及时进行更新和复壮，更新的程度依照该枝组的具体情况而定，下面列举个实例予以说明。

如图6-15所示，树体已经衰老，属于衰老更新期树体，原主干延长枝上部已经感病，其上枝条部分枯死，但下部新枝已经开始结果，所以对其进行重度回缩（图6-16），以促进新枝加快生长，恢复原有树冠大小。需要指出的是，在对大型结果枝组回缩时，锯口处必须留跟枝，以养育伤口，确保其下欲养成枝的健康生长。

图6-15　回缩前状态图　　　　图6-16　回缩后状态

2. 中型结果枝组的更新复壮

对于石榴的中型结果枝组，自形成之后，由于自身的柔韧性，在结果过程中，因承受果实的重量自然弯曲下垂，失去顶端优势，转入劣势位置而渐渐地衰老；同时背上位置在获得顶端优势后会萌生新梢，接替原头生长，这是它的自然更替过程，我们必须顺应这一规律，充分利用强势营养枝结果，在原有的结果枝没有病枯之前予以疏除（图6-17和图6-18）。

图 6-17　中型枝组回缩前状态　　　图 6-18　中型枝组回缩后状态

3.小型结果枝组的更新修剪（图 6-19 和图 6-20）

图 6-19　小型枝组回缩前（A）、缩回后（B）的状态

图 6—20　小型枝组回缩前（A）、缩回后（B）的状态

三、结果枝组之间空间关系与调整

1.并生竞争枝

处于并生竞争关系的枝在石榴树上是很常见的，对于这类情

况，处理的方法有两种，一是在周围空间较大时，可以采用拉枝变向的方法，对于其中一个拉枝变向，予以调整，缓解之间的矛盾，发挥最大的生产功能；二是在周围环境不允许拉枝，可以采用疏枝的方法处理（图6-21和图6-22），此法同样适用于上下重叠枝条的处理。

图6-21　并生竞争之处理前状态　　　图6-22　并生竞争之处理后状态

2.密集拥挤枝的处理（图6-23和图6-24）

处理之后，可以缓解枝条密闭，光照不良，冠内小枝枯死的空虚状态，促进内部枝条转强生长，促成立体结果。

图6-23　处理前的状态　　　　　图6-24　处理后的状态

第三节　维持修剪中常见的几类问题

石榴树上的强枝，一旦结果后，便呈稳定的生长状态，在中庸的树体上，每年只有1次生长，并以弱枝或叶丛枝为主，在树势较强时，可萌生少量强枝，结果部位相对稳定。生产中成龄树结果外移的问题，主要是树体结构不合理和错误的修剪方法所致。主要原因有以下几个方面。

图6-25　大枝过密造成树冠郁闭

一、整形中培养骨干枝的间距不够

骨干枝间距不够，生长空间拥挤，使各大枝间发生对光的竞争（图6-25），形成外强中枯的枝类分离现象。对于这种情况，应做好计划，及时回缩或疏除过密大枝，使各枝间保持有适当的间距。切实做到三稀三密（即上稀下密、外稀内密、大枝稀小枝密）的枝条布局（图6-26），保

图6-26　合理的树体结构

证冠内有良好的风光条件和足够的结果枝数量。

二、临时枝处理不当

在生长期及生长结果期，为使幼树早丰产而预留的临时性结果枝，必须按计划适时控制处理（回缩或疏除），若生产中恋于结果，未能及时处理，使临时枝的生长过盛，永久枝则因缺乏空间，不能正常发育，临时枝与永久枝间相互竞争，导致了内膛光照条件恶化，甚至使永久枝衰弱枯死。这种情况应及时实施原有的整形计划，逐步缩小、改造临时枝，在不致严重影响产量的前提下，使结果部位尽快地过渡到永久枝上，逐渐巩固永久枝应有的位置，保证稳定的立体结果，实现优质和稳产。

三、保证稳定状态下枝组的健壮生长

这一问题的核心是树势问题，故应正确地判断树势。树体状况是一个综合指标，受立地条件和自然条件的综合影响，水肥是树势的基础，这里设定在良好的水肥管理基础上，怎样用修剪手段来调节树势，保持结果枝组稳定的问题加以介绍。稳健的结果枝组具有生长中庸偏旺，无病枝病斑，能连续良好结果（图6-27）。在盛果期树上，石榴枝条衰弱的原因主要是营养和病虫问题。

图6-27　稳定结果枝组的形态

　　营养问题首先要做好基础管理，增加水肥；其次是树上调节。树上调节的手段主要是调整分枝角度的大小，调整结果量的多少（请参考第二章的内容）。

　　病害问题，主要是石榴干腐病，它是一种弱寄生的真菌病害，什么是弱寄生呢？是说它在健壮的植物体上的寄生性是比较弱的。所以我们在修剪时要注意复壮树体，及时更新始见衰弱的枝条，从改变枝的健康状态来实现对病害的控制。对发现的弱枝、病枝，应及时疏除（图6-28），减少病原物，消除对健康部位侵染的机会，保证枝条健壮。特别是某些易感病品种，如天红蛋、大红酸等品种，病枝若不及时疏除，将会传播、蔓延。在病害流行严重的园地，在处理步骤上：第一步是增强树势；第二步是控制结果量，减

A. 发现感病枝　　　　　　　　　　　B. 及时处理

图6-28　及时发现病枝

少产量，减少消耗，提高品质；第三步加重回缩，对于感病较重的大、中型枝组，应视其情况回缩。刺激树体强旺生长，增强抗病能力，第四步对主干、骨干枝（不可更新的部位）上的病斑，采用喷涂农药、涂刷营养液的方法配合治疗。经过1~2年的努力，可以恢复健康的树体。

四、结果枝组不能及时更新

在生产园中，结果枝组更新问题是一个突出的问题，主要表现在以下几个方面：

1. 结果枝组多年连续使用，不曾更新

图6-29中可见，连续使用时间过长后，枝条就会衰老、感病、甚至枯死，枯死的枝条会成为新的病原，感染其他枝条。同时，感病枝上所结果实，很难成为商品果。增加了成本，降低了效率。

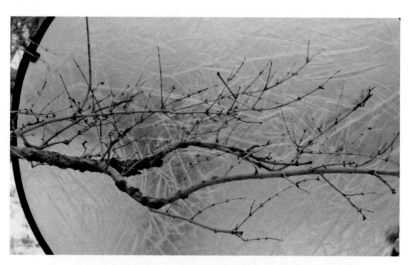

图6-29　因过度长放使用而病衰的枝条

2. 只注重疏除内部弱枝，却忽视打开光路（图6-30）

这是盛果期和衰老更新期果园经常出现的现象，由于内部无效空间增加，外部枝条拥挤，难以实施更新修剪。

图6-30　因过度疏除内膛弱枝造成的冠内空虚

3. 高密度栽植，多主干造型（图6-31）

由于有限的空间被大量的骨干枝占据，每个主枝仅是一个超长的结果枝组，由于直立竞争激烈，很快就形成了内膛空虚，外围徒长的被动局面。

图6-31　高密度定植 多主干造型诱发的全园竞争现象

4. 平头郁闭

休眠期长枝齐短截、生长期的反复剪梢产生的外围郁闭问题。这种情况的产生主要是修剪者的技术基础较差，为了控制外围旺盛生长而采取反复短截、剪梢的技术，结果造成结果枝组更新无法进行的情况发生（图6-32）。

图6-32 平头郁闭现象

五、修剪中几个具体细节问题

回缩剪口留桩问题。

（1）留桩过长，容易形成死桩。这是一个不被重视的问题，由于留茬离生长点远长，伤口不能愈合，逐渐被病菌感染，形成死桩问题（图6-33 A、图6-33 B和C）。正确的疏枝方法是（图6-34A），用左手扶住被去枝的上部，右手握锯，紧贴与母枝分生处，自外向内，锯成平伤口，否则会形成图6-34B的后果。这样利于伤口的迅速愈合，避免枯死、腐烂情况的发生。

A. 最初情况   B. 开始感病   C. 形成死桩

图6-33 回缩时留茬太长引起的死桩

A. 正确的疏枝方法

B. 误留的大枝枯死

图6-34　正确的疏枝和误留大枝的枯死

（2）冬剪时误判留下感病枝枯死。冬季修剪时由于观察不够仔细，误将带病大枝保留，在生长期死去后又未能及时疏除（图6-34B）。这样的病枝，往往会成为病害再侵染的病原。

（3）疏枝中容易出现的问题（图6-35）

A. 轻度残桩　　　　　　　B. 中度残桩　　　　　　　C. 重度残桩

图6-35　疏枝时留下的不同情况的残桩

（4）生长期回缩造成的衰弱现象（图6-36）

图6-36　生长期回缩造成的衰弱现象

（5）多年长放加疏枝不回缩造成的老光杆枝（图6-37）

图6-37　多年疏、放形成的老光杆

第七章

简易整形使用新树形的建造

　　随着果树密植栽培技术的兴起，在早结果、早收获、方便管理原则下，石榴栽培随之悄然变化，不断有人试探密植栽培早期丰产技术。自 20 世纪 80 年代以来，陕西省临潼石榴产区的新建园，平均亩栽株数在 60 株以上，单位面积内栽植株数较以往（40~50 株）大为增加。栽植密度的增加，迫使传统整套栽培技术必须改革，栽植密度的增加，必须实行小冠整形技术。

　　小冠整枝成败的关键是：在设计的密度内，能使处于强盛离心生长的树体，稳定在有限空间内，获得生长和结果的平衡。若离心生长力突破设定的密度范围，就会造成郁闭，宣告建园失败。

　　随着产业的发展，农业劳动力消费将是十分昂贵的。所以，建设适合简易省工的树形，既是高产优质的需要，更是未来产业经营的需要。因此，石榴密植园的设计、建设和利用，将是一种新趋势，然而，确定多大密度，选择怎样的树形，采用什么样的修剪手段，这些都是我们面临的重要问题。为确保建园成功，并便于在生产中应用，现就密植园可用的简易树形建造技术，整形修剪技术，各种树形的应用效果等方面作以评价，为生产提供参考。

第一节　树　形

单位面积内栽植株数的增加，使单株拥有空间体积相对减少，如何在有限空间内，使树冠上的枝条，在接近郁闭前生长势能够缓和，不再抽生或少抽生强旺枝，使营养中心尽快转向结果，这是密植园能否丰产的关键所在。经调查发现，采用嫁接苗建园和减少留干数，都能有效地控制树冠体积。在密植园的整形修剪方法上，以放、变、疏、缩多种缓和措施相结合，慎用短截等刺激措施，可有效地控制树体，实现早结果、早丰产。在这个原则指导下，整形时可采用单干扁圆形、圆柱形或单鞭形。最大限度地减少剪枝量，使冠内枝类促控明确，整形结果两不误。

一、单干扁圆形整形技术

建园时应选用两年生健壮的嫁接苗木，定植前应详细疏除根颈处原有的分枝与萌蘖，然后定植。定植后，从距地面 70cm（嫁接部位以上 20cm）的饱满芽处剪截，以刺激萌生强枝，在进入生长季节后，加强管理，促进生长。

第 1 年冬剪时，树高一般可长到 1.5m 以上，仍从各 1 年生枝的饱满芽处短截，促进高生长，于第 2 年初夏（开花前后），将整个树冠从嫁接部位上方（距地面 50cm 以上处）向行间拉弯，弯曲度以 70°~80° 为宜，形成第 1 主枝。所拉方向以行向而定，若是南北行，第 1 主枝应拉向东边，东西行向时应拉向北边。在主干拉弯后，先端应在适当位置用泥球配重，压其向下弯曲，侧视整个树体，如同一张弓（图5-6），弯曲后，用弓背上萌生的新梢替换原头，成为新的主干延长枝。为了在第二主枝上培养很好的、足够的大型结果枝组，于拉弯主头当年生长期，对背上旺盛新梢选一位置适当，生长势较强的，从分生部位以上50~60cm处摘心，刺激生长强旺的二次枝，备做第二主枝的延长枝和结果枝组，在拉开后，充当第二主枝上的永久枝组。对于旁侧其他枝，可于当年秋季配泥球拉垂，改造成结果枝；若空间不宜时可拉斜、拉平或疏除，以不与延长枝竞争为度，若背上有新梢萌生时，宜尽早抹除，不可任其生长。

第2年冬季修剪时，对新的主干延长枝，于饱满芽处短截，其余枝长放；对营养枝过密部位，可适当疏除；对空间太大部位的中、小枝可短截刺激，令发强枝，以补空缺。第3年初夏时，新的延长枝已有相当的生长高度，可在花期前后从萌生部位以上20cm处，按与第一主枝相对方向拉弯，造成第二主枝，拉时应一手托住弯曲部位的外侧，并稍向上用力，以防劈裂，另一只手抓住先端向下压弯。对弯曲后背上萌生的新梢，按同法培养和处理（图7-1）。

图7-1　单干扁圆形的弓形整枝造形过程

在第 3 年冬剪时，对新的延长枝从饱满芽处短截，刺激萌生强枝。第 4 年花期，依照前法，对其从距第二主枝 40~50cm 处拉弯，方向同第一主枝，形成第三主枝，第一主枝和第三主枝间距 60~70cm，以后照此法拉成第四主枝和第五主枝。第五主枝拉弯后，背上枝不再冬剪与夏季摘心，用放的措施辅拉强旺枝诱导成花结果，在第五主枝上养成一个永久的大型结果枝组。7 年成形后，树高控制在 3.5m 以内，冠径窄面（株间）控制在 1.7m 以内，宽面（行间）控制在 2.0 m 以内，树冠体积约为 12m³，每立方树冠内平均结果 6 个。单株产优质果品约 25~30kg。

评价：单干弓形造形技术简单，修剪量小，易使幼树树冠充分扩大，最大限度地符合轻剪、长效、多留枝，"一开、二缓、三晚剪"的幼树整形修剪原则，利于早成形、早结果、早丰产，是目前适于密植栽培地最佳树形。它具有以下优点。

（1）由于反复转主换头，反复分散顶端优势，分散利用了幼树强旺的离心生长力，加速了整形，减少了修剪量，在将原头拉弯后，顶端优势转移给背上新梢，使其迅速向较高空间的伸展得以顺利实现。

（2）将主干延长枝拉弯后，能形成健壮的枝组，利于生产优质果。

（3）因各主枝均由主干延长枝弯曲变向而成，分枝角度大，负载能力强；各枝组皆靠近主干与主枝，使整体立体结果性状明显，树冠紧凑，能充分利用有效空间。

（4）整形结束后，维持各主枝间的生长势，可用疏、留、拉其上强枝，改变领头枝垂直角度来调节，确保枝组及整株有均衡的生长。

二、单干圆柱形的弓形整枝技术

造型技术与扁圆形的弓形整枝技术基本相似，不同的是第三主枝和第四主枝的拉开方向与第一主枝和第二主枝走向相垂直，插在第一、第二主枝的侧空位置。因此，各主枝间的距离基本相等，一般保持在 50~60cm。第四主枝以上，根据强枝萌生情况处理，若萌生强旺枝，可用先放后缩法养成永久性大型枝组，否则可养成中、小型枝组（图 7-2）。树形完成后，树高控制在 3m 以内，枝展控制在 2m 左右，树冠体积约为 9.5 m³，此树形各主枝均属弓形养成，主枝长度基本相等，适于亩栽 90 株左右的单干圆柱行弓形整枝时采用，在维持修剪上，应特别注意背上枝的萌生情况，务

图 7-2　单干圆柱形整枝

必及时改造、培养妥善处理，以保持冠内良好的风光条件，谨防结果外移，保持稳定的立体结果。

第二节　简易整形的维持修剪

作为石榴树简易整形的代表技术，弓形整枝，在结果后下垂部分易见衰弱，坐果力下降，品质不高，弓背处常生强枝，并直立旺盛，若不及时处理，有背上枝换头现象，扰乱原设计树形的结构特点，所以，维持修剪的任务就是不断地更新下垂枝，利用强旺枝。在下垂枝还可利用时，就应及时培养背上枝，以维持正常的生长结果秩序。实践证明，石榴果实大小、果实的抗病能力与母枝健壮情况有关，当下垂枝部分表现有衰弱迹象时，所结果实较小并易感病，适时预留和培养背上枝，加强生长，促进成花，一般在冬剪时，从背上枝萌生前回缩下垂衰弱部分，翌年5—6月间适当时将预留的背上枝拉弯，替换原头生长，也就是说，利用强盛位置养枝，改向平（垂）位结果，这样既可恢复原头的生长、结果状况，又能保证整体的健康生长，对于各结果枝也可照此法调节。

弓形整枝与更新在生长期极易实施，拉弯的方法主要有用绳索或泥球拉开两种，用绳索拉开时，可在欲拉枝适当位置绑上绳索，绳结不能太紧，应留足空隙，以防枝条增粗而缢伤，导致挂果后枝折现象，另一头于地面适当位置固定。

泥球拉枝是作者多年来在实践中总结出来的新技术，经过反复试验，近几年来普遍采用的简易技术，它具有环保、成本低，省工、省时、简单易行，不伤树体等优点，具体做法极为简单，在欲整枝的园块，根据需要和好泥巴，在泥巴中拌入长 3~5cm 的麦草，以防雨水冲刷而脱落，泥巴不可太稀或太干，以免影响操作和粘结，拉枝时最好两人操作，1 人曲枝于适当程度，另 1 人用泥球在枝先端适当位置配重至位置固定适当时即可。拉完后应仔细复查，对于漏拉或位置不适当的要及时补拉和调整，使全园整齐一致，在经大风、大雨之后要检查修补，以确保能达到预期的目的。

弓形整枝技术，极大地简化了石榴的修剪方法，最大限度的提高和利用了有效叶面积，解决了密植幼园离心生长强旺，适龄树不结果的问题，使整个园内光照通透，利于立体结果树形的形成与维持，是实现幼园早期丰产的良好树形，值得各地试验和推广。

第三节　结果枝组整体更新技术

在石榴树的修剪技术上，受其他果树修剪方法的影响，人们已习惯于研究和使用精细的修剪技术，虽有精确、关注细微的优点，但对修剪反应敏感的石榴树来讲，这种技术有要求高、难以把握的操作性问题，特别对于一些新学者来讲，更显得困难较大。实践中，在树冠枝类构成上，由于枝与枝间相对位置与功能上的差异，每年都有一定数量亟待更新的衰弱枝，由于这些枝的存在，总难免有感病部位的存在，若不能及时处理，使树体上经常保持着一定数量的病原菌。若在已经感病的枝条上着生果实，或在生长期，或在贮藏期总难免要出现感病的斑点，使硕大的果品失去商品性。由于对这种现象与修剪关系认识上的原因，生产者在解决这一问题时，很少有人思考通过修剪，强健树势的途径去解决果实病害的问题，而普遍采用疏除感病枝条，清理园内枯枝落叶和生长季节喷打农药的办法去解决。但是，由于树体上经常都有一定数量的感病枝在被利用，使整个果园长期处在一种亚健康状态，树体感病点上的病菌孢子一旦遇到适宜传播的环境条件时，就会不断地向全园传播病菌孢子，当附着到树体抵抗能力较差的衰弱部位后，就会产生侵染，形成新的感病点，成为该园下年度新的病原，如此循环。

产生这种情况的原因，无非是两点：一是园内有较多的病原菌；二是有足够数量可供病菌寄生的树体组织存在。如何从修剪调节的角度寻找化解这一矛盾的途径，我们不妨利用修剪手法、调整的范围、刺激的强度几方面来寻找突破，也就是说，用培养强健枝条的方法，减少或取消可供病菌感染的树体组织存在，来提高整园树体组织的抗病能力。实践中，我们已经明确认识到，生长在健壮枝条上的果实是很少生病的，这已是生产者不争的事实，无论在生长阶段还是在贮藏阶段。基于这种因素，我们又进行了一定范围的应用，取得了很好的效果，这就是我们实行结果枝组整体更新，提高果实商品化生产水平的理论与实践基础。结果枝组整体更新的基本概念是在结果枝组更新时，更新的单位是结果枝组而不是结果枝。

一、结果枝组整体更新的树体结构

结果枝组的整体更新技术适用于各种树形，不改变它的空间结，在肥沃的园地，可适当的加大主枝或者大型结果枝组之间的相对距离。在冠幅上，应相对的缩小一些，为新的枝条生长留足生长空间，不致使树体因改变修剪手段而人为的诱发徒长，产生由此带来的不良效应。

二、结果枝组整体更新的培养技术

在现有的生产园进行结果枝组整体更新，具体方法按操作顺序分为以下几个步骤。

第一，要为树体健壮生长打好坚实地基础，充足、活理的使用有机与无机肥料，适时灌水，使树体良好的生长有切实的保障。

第二，在休眠期的修剪时，对于密闭的多干式树形，应作出减干计划，减少主干，让出空间，减少内部竞争。

第三，有计划的1年、2年最多3年完成。对于极度衰弱的树体，可以考虑一年完成，对于中庸偏弱的树体，可分2年完成，一般树体可以在3年内完成。

第四，在方法上，重度回缩大、中型结果枝组，甚至回缩各级骨干枝的延长枝，仅保留树上一些中小型结果枝组和生长健壮的一、二年生结果枝，对于在骨干枝中后部生长的强壮枝整体长放，以充当下一年度的骨干结果枝群。使当年休眠期的修剪量最少不低于树冠总枝量的30%~40%，利用强度的整体刺激，诱发产生更多、更强壮的发育枝，以实现主要结果枝和营养枝的强度更新。

第五，在翌年萌芽后，受休眠期回缩修剪的强度刺激，在剪口、锯口或者处于优势位置之处，必然成丛萌生新梢。在对这些新生枝、芽的管理上，一定要严格按照以下步骤正确处理。

第一步：抹芽定梢。对于萌发的新梢要按照需要合理保留，保留的枝条要相对的稀疏一些，间距最少应在15cm以上，为后期良好的生长留足空间，对于不适宜部位的萌芽和新梢应尽早去除，以节省营养、避免与保留枝条生长中发生竞争。

第二步：拉枝保果。对于冬季修剪时保留的中小结果枝组，长放的强壮枝、结果枝要注意维护，适时调整，确保结果。一般情况下，在树体整体营养生长恢复转旺时，因树冠光照条件和营养水平得到极大改善，花芽分化彻底，分化程度加深，正常花比率上升，坐果能力增强，能够保证更新当年产量不减，果品等级上升，单位面积产值保持不下降是有保证的。但要十分注意拉枝的时间与角度，对于强壮的长枝，拉枝时一定要在始花期，若延迟拉枝，会降低花的质量与坐果水平；在拉枝时要注意开张角度要合适，不可过大或过小，一般在60°~75°，否则会使强枝背上萌生徒长枝，分散营养，导致落蕾与落花，失去结果机会。

第三步：确保两个中心。在当年坐果牢固后，一是确保当年果实的良好生长，消除一切影响果实生长的不利因素；二是精心管护新梢，使其能够正常生长，注意利用正确的方法引导分化，对于欲使来年结果的枝条，要适时拉枝或摘心引导，勿使其旺长，最大限度的促进彼此间的互助关系，控制或消除新梢之间产生竞争关系，尽最大努力把当年的新梢培养成生长强健的良好的发育枝或结果母枝，为翌年结果奠定坚实的基础。

第四步：秋季促壮。由于结果对营养的分散，新的发育枝一般不会有过于强旺的生长，在秋季（9—10月）的连阴雨季节，若出现秋梢旺长时，可以采用摘心、剪梢或扭梢的办法控制其继续加长生长，使营养集中在健壮的部位，加深花芽分化。

第五步：冬季定枝。在冬季修剪时，对于新形成的发育枝，除个别需要继续扩大生长的部位，实行短截修剪外，一般不做剪切处理，采用放的办法，待来年花期拉枝调整。对于上年保留的结果枝，在当年结果后，冬季修剪时应按照该枝条的具体情况和修剪需要，进行必要的剪切或保留，如果周围的新枝已经形成，本枝已见转弱，就应该及时回缩，为下一年度促发新的发育枝，如果周围的发育枝没有形成，还有较大的空间时，可对其保留来年继续使用。

第六步：再花拉枝。在更新后的第一个花期到来之时，尽量使果实在上年培养的新的发育枝上结果，结果枝以枝径在0.5~0.6cm间的为好，结果部位应距分枝处15cm左右为好，结果后保持果枝下垂状态，保证果实品质为优良品位（图7-3）。

三、结果枝组整体更新的方法

按照整体更新的方向，在依上述方法培养形成的新枝，在健壮结果3~4年后（图7-4和图7-5），始渐见衰弱，所以，在利用的第3年冬季就要在该组枝中选一生长势较强的发育枝，回缩刺激促进生枝，考虑培养更替。枝组整体更新一般采用重度回缩的办法刺激基部萌生新芽，再如前法培养成新的结果枝组，如此循环，以确保树势强健，结果正常。

图7-3　果实在结果枝上着生的最佳部位

图7-4　更新后第2年的冬季状态

图 7-5　更新后第 3 年的结果状态

第八章

畸形树形矫正

　　由于历史的原因，栽培者认识的原因，自然环境和自然灾害等原因，在生产园中，往往或多或少地存在形形色色，形状各异的畸形树体，不但影响了园相，更影响了整园生产水平的提高，据观察，畸形树在一般生产园约占 5%~20% 不等。影响是比较严重的。

第一节　放任大树的改造修剪

所谓放任大树，是指放任状态下自然竞争延伸，无修剪措施或仅是对内外干枯、死亡的枝条作些简单的疏除。表现出多主干丛生或近于野生状态的情况。这是一个不适宜生长结果的树体结构状态（图8-1A）。为了优质丰产，必须加以改造。

A. 改造前的状态　　　　　　B. 改造后的状态

C. 改造当年的生长结果情况

图 8-1 放任树的改造修剪

对于这类树的修剪，原则上宜粗不宜细，首先原则性地确定永久性主干和主枝，对于其他枝条做一次性疏除，在处理后，树冠内明显感到空虚，大枝亘延，在处理后第一年的生长期，要注意培养新的发育枝，并将其中部分诱导成结果枝，以丰满树冠，逐步完善（图 8-1B），促成尽早投入生产。在周围空间较大的情况下，也可以有计划地逐年疏除，对于计划缓疏除的大枝，在生长期可用拉枝变向的方法，将其拉向周围的空隙处，并尽量使其结果，对于这类枝背上萌生的新梢，应及时抹除，不可使其生长（图 8-1C）。在采果后一般整枝疏除，为永久部分让出空间。

放任大树的改造修剪，应以整形为主，尽可能一次造就树体骨架，以后逐步培养结果枝组，否则，会长期纠缠在众多大枝之间的矛盾之中，延长改造期限，有的甚至因此造成改造失败。

第二节　多主干树改造修剪

由于石榴树的灌木性，在整形中具有单干式、双干式以及多干式树形，各种树形都有它最为适宜的栽植密度和配置方式，这里说的多干式树的改造修剪，是指培养的树体结构与栽植密度产生了矛盾后的矫正问题。一般是在栽植密度较大的情况下，采用了稀植大冠的树形，在生长到一定阶段后，明显的感到生长空间不足，枝条郁闭，结果外移，内膛开始衰弱或枯死。这种情况下，就必须对原先培养的多主干树形进行改造，以适应既定栽植密度情况下树体生长对空间的需要。

现有生产园的栽植密度都在 3m×4m 或 2.5m×4m 之间，配置方式以长方形为主，采用的树形以三干式为主，由于空间的限制，部分主干上仅有极少的结果枝组，并占据了较大的空间，造成空间的浪费，也增加了管理的难度（图 8-2）。对于这类主干务必

图 8-2　亘延的主干

进行及时改造。

另一类情况是各主枝间并无显著的分化，只是狭小的空间难以容纳。这种情况下，也需要对多干式树形进行改造（图8-3）。这类树的改造修剪，是一个被选做永久主干上枝条不断成长壮大，树冠不断丰满，而被定为临时枝上枝条不断缩小的过程。在这个过程中，要尽量的把结果部位放在临时枝上，而让永久部位集中营养促进枝条的发育，使得生长结果两不误。

A. 改造前的状态　　　　　　　　B. 第一次改造后的状态

图8-3　进入盛果期的多干式树形改造

这个过程应该坚守的修剪原则是循序渐进的控制临时枝，促进永久枝，在3年左右时间里完成改造过程。应该注意的是，在确定留干数时，尽可能一次到位，不可再次估计不足，在完成改造过程之后，再度出现郁闭状态，造成再度改造的尴尬局面。

对于幼龄园主干过密的现象，应该尽早进行改造，避免进入盛果期后再改造带来的麻烦和损失（图8-4）。

放任大树改造修剪的目的，在于通过整枝及其配套技术，在不致明显影响当年产量的前提下，尽量减少大枝数量，让出生长空间，增加中、小枝数量，调整好各枝类合理的空间分布，有计划地逐步改善园内的通风透光条件，巩固、培养内膛枝组，促成立体结果，实现园地整体生产能力的彻底改观。

A. 改造前的状态　　　　　　　　B. 改造后的状态

图8-4　生长结果期多干式树形改造

在方法上，应依照因树修剪，随枝作形，有形不死的原则，有计划地逐步回缩或疏除部分大枝，在具体实践中切忌操之过急，大拉大砍，严重影响当年产量；也不能顾惜枝干，贻误时机，有意延缓改造过程，应充分把握好枝的"进"与"退"的程度，正确运用各种修剪方法，如冬季对永久枝多短截，生长期少留果；对临时枝在冬季多长放，生长期及时抹除萌芽，促进结果枝尽量多结果，在采果后及时疏枝或回缩，为永久枝生长让出充足的生长空间，这样

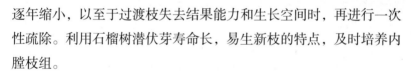

逐年缩小，以至于过渡枝失去结果能力和生长空间时，再进行一次性疏除。利用石榴树潜伏芽寿命长，易生新枝的特点，及时培养内膛枝组。

对一次性彻底疏除的大枝，疏后要注意保护伤口，应用波美 5 度的石硫合剂液涂刷保护；若是多株丛生的，配合深翻，将欲疏者连根一同挖除，以防再生萌蘖。

盛果期大树树形的改造修剪，是一个永久枝不断扩大，临时过渡枝不断缩小并逐步被取代的演变过程，若过渡枝为永久主枝上的一个大枝，回缩最终应使其养成一个适宜大小的结果枝组，若空间不允许时，也可疏除，但应特别注意伤口保护，以求改造修剪的平稳过渡，最终实现便于管理，光照通透，树体均衡，枝组紧凑，立体结果的最佳生长、结果状态，获取更高的优质果品产量。

第三节　畸形树的改造修剪

所谓畸形树是指由于多种原因所致的树冠发育不均衡的现象。从树冠形态上看，主要有偏冠、上强下弱、下强上弱、小老树等几种情况。畸形的树体结构，有以下弊端：树体在所占据的有限空间内，不能合理利用空间，造成对空间的浪费；自身结构不合理，使得单株产量不能提高，影响整园生产效率；不均衡的发展，使得树体强弱不当，难以控制，给管理带来很多麻烦，所以，要提高单位面积的质量与效益，务必改造园内的畸形树，通过改造，使得树体发育良好，园相整齐一致。

一、偏冠

所谓偏冠是指树冠在空间的结构重心，不以主干为中心而发生偏离的现象。

（一）偏冠产生的原因

（1）环境因素引起。旁侧有高大乔木存在，迫使树冠偏向光源较好的一侧生长。

（2）栽培因素引起。栽培过程中不均衡的修剪刺激、一侧主枝上保留过多的辅养枝；不均衡的结果，偶然年份遭遇冻害，使得过多负果的大枝枯死。

（3）肥害造成一侧主根死亡，影响树上相关一侧枝条的情况。

（二）偏冠树体的矫正

利用修剪手段矫正偏冠，在冬季修剪时对于偏弱一侧的枝条采用多枝条中短截为主的刺激修剪手段（图8-5），促进翌年多发强壮枝，在生长期对延长枝适时摘心，促进多分枝，增加生长量，对于其他营养枝适时进行拉枝变向，增加有效叶面积，若其上开花坐果应尽早疏除，加强营养生长，使偏弱一侧的树冠尽快恢复。同时，对于偏强一侧冬季修剪时可用疏枝的方法，减少辅养枝数量，生长季节多留果，增加营养消耗，限制营养生长，在冬季修剪时对已经结果的枝组适当回缩，使偏冠的树形基本恢复平衡。

A. 修剪前　　　　　　　　　　　B. 修剪后

图8-5　偏冠树的冬季修剪矫正

二、上强下弱

所谓上强下弱是指树冠上部分生长强旺而下方相对生长偏弱的现象。

（一）上强形成的原因

形成上强的原因有以下几个方面。

（1）高密度栽植，大树冠整形或在适宜结果年龄未能正常结果。

（2）上位骨干枝或大型结果枝组上留枝量过大。

（3）上位留果量太小而下位枝留果量过大。

（4）修剪中上位过多的采用短截等刺激修剪手段，而下位多用长放等缓和手段等。

（二）上强树形的矫正

（1）休眠期修剪时对上位部分多用疏枝技术减少辅养枝数，为下层枝的强旺生长打开光路，多用长放为主的缓和生长措施，促成生殖生长多结果；对于下位部分枝多用短截、回缩等刺激生长技术促进营养生长（图8-6）。

（2）生长期对于下层骨干枝的延长枝多注意摘心，促发营养生长；对于营养枝及时拉枝变向，尽快回复功能叶的数量；对于上

A. 修剪前　　　　　　　　　　B. 修剪后

图8-6　上强树的冬季修剪矫正

层强旺部分尽量多留果，控制强旺生长。

3.在冬季修剪时，对上层部位已经结果的枝进行适度疏除，削弱生长势力；对于下层转强的枝条再行刺激修剪，在上下均衡时可促进立体结果，完成矫正工作。

4.对栽植密度大，而采用稀植树形整枝及修剪者，应尽快的改换树形，以适应栽植密度的需要。

三、下强上弱

所谓下强上弱是指树冠上方部分生长偏弱而下方相对生长强旺的现象。

（一）下强形成的原因

（1）主干高度不够，第一主枝分枝偏低。

（2）上位骨干枝或大型结果枝组上留果量过大。

（3）第一主枝和第二主枝对生，形成卡脖现象（图8-7）。

（4）下位主枝或大型结果枝组分支角度不合理，特别是基

图8-7　第一主枝和第二主枝对生的
卡脖现象

角小腰角大，诱生的背上强枝，在放任或管理不当时形成的树上长树现象等（图8-8）。

（二）下强树形的矫正

（1）休眠期修剪时

对下位部分多用长放和疏枝技术，翌年开花期多留果，缓和下层生长。

A.修剪前   B.修剪后

图8-8　下强树的矫正修剪

（2）对于上部枝条多用短截、回缩等刺激生长措施少留果，采用多种方法促进强旺生长。

（3）图8-8中树冠既是下强，又是偏冠，所以在矫正时选留了主干下方近主干中心的强枝，作为代替原主干的延长枝生长，对原延长枝仅作为一临时结果枝处理，对其上的发育枝全部疏除，仅保留结果枝，待选留的新的主干延长枝长到一定大小时，回缩原主干延长枝。达到上下均衡时实现立体结果，完成矫正工作。

四、树干过高

（一）形成原因

形成树干过高主要有以下几种原因。

（1）幼树时留干过高。

（2）生长过程中因环境影响或操作失误导致下部枝条死亡（图8-9）。

（二）矫正方法

（1）对于因环境影响造成的树干过高的情况，可在冬季修剪时在欲求萌生枝条的部位造伤，刺激伤口下方萌生枝条，然后加以培养，弥补空缺，经过几年后便可恢复为理想的树冠（图8-10）。

图8-9　树干过高现象　　　　图8-10　树干过高的矫正

方法——造伤

（2）对于生长期的幼树，由于人为因素定干过高的情况（图8-11），可在生长期采用弯曲主干的方法予以矫正。

具体方法是：在花期时将主干从距离地面50~60 cm高处弯曲，操作时用右手抓住欲弯曲处，并向上用力，用左手抓住枝的前端，边柔边向下压，直至达到要求的程度后，在先端适当位置用带草泥球配重固定。待弯曲处背上萌生新梢后及时摘心，培养成新的主干延长枝（图8-12）。在对待此类情况的处理时，切忌按照要求主干高度处，砍去原头的粗暴做法，那样既不利于树冠的恢复，又

　　图 8-11　定干过高的树体形态　　　图 8-12　矫正后的树冠结构

不利于早期产量的形成。畸形树体是石榴园常见的问题，只要我们
顺应石榴树的生物学特性，按照科学的方法，灵活的运用休眠期和
生长期修剪的有机配合，实现整齐的园相，稳定、平衡的树体结构
是完全可以实现的。应该注意的是在整个修剪中，多数人只注重冬
季修剪而忽视生长期修剪，这是应该纠正的，特别是在畸形树体的
改造过程中，必须高度重视生长期修剪工作。